BEI GRIN MACHT SICH IHR WISSEN BEZAHLT

- Wir veröffentlichen Ihre Hausarbeit,
  Bachelor- und Masterarbeit

- Ihr eigenes eBook und Buch -
  weltweit in allen wichtigen Shops

- Verdienen Sie an jedem Verkauf

Jetzt bei www.GRIN.com hochladen
und kostenlos publizieren

Zur Kondition eines numerischen Fluid-Korridors

Michel Felgenhauer

Bibliografische Information der Deutschen Nationalbibliothek:

Die Deutsche Nationalbibliothek verzeichnet diese Publikation in der Deutschen Nationalbibliografie; detaillierte bibliografische Daten sind im Internet über http://dnb.d-nb.de abrufbar.

ISBN: 9783964877475
Dieses Buch ist auch als E-Book erhältlich.

© GRIN Publishing GmbH
Trappentreustraße 1
80339 München

Druck und Bindung: Books on Demand GmbH, Norderstedt Germany
Gedruckt auf säurefreiem Papier aus verantwortungsvollen Quellen

Das vorliegende Werk wurde sorgfältig erarbeitet. Dennoch übernehmen Autoren und Verlag für die Richtigkeit von Angaben, Hinweisen, Links und Ratschlägen sowie eventuelle Druckfehler keine Haftung.

Das Buch bei GRIN: https://www.grin.com/document/1441067

Zur Kondition eines numerischen Fluid-Korridors
Condition of fluidic Corridor

Michel Felgenhauer, Berlin 2024

Der numerische Korridor ist ein Instrument für die Simulation und Analyse von Strömungsereignissen in fluidischen Räumen, die Lagrange Kohärente Systeme enthalten. Von besonderem Interesse sind Wechselwirkungen von Wirbelfadensystemen. Der hier behandelte Analyseansatz ist insofern neu, als dass von einem ruhenden Fluid ausgegangen wird, durch das eine Wirbel erzeugende Störkontur fährt. Das Korridor-Modell kehrt somit die Strömungsverhältnisse an einem Windkanal um und damit das klassische Simulations-SetUp! Vielmehr handelt es sich um ein „idealisiertes Szenario" wie wir es aus der Beobachtung von Strömungsereignissen in der belebten Natur kennen.
Um das Induktionsgeschehen und den Impulsaustauch mit dem euler'schen Raum zu simulieren, werden exemplarisch Tragflügelmodelle für einen Flug durch das ruhende Fluid erarbeitet und der Korridor selbst für eine qualitative und quantitative Analyse konditioniert. Der numerische Korridor ist ein leistungsfähiges Instrument der frühen Phase der virtuellen Systementwicklung.

The numerical corridor is an instrument for the simulation and analysis of flow events in fluidic spaces containing Lagrangian coherent systems. Interactions of vortex filament systems are of particular interest. The analysis approach treated here, is new insofar as it assumes a fluid at rest through which an interfering contour that generates vortices moves. The corridor model thus reverses the flow conditions in a wind tunnel and thus the classic simulation set-up! Rather, it is an "idealized scenario" as we know from the observation of fluid flow in living nature.
In order to simulate the induction process and the momentum exchange with Euler's space, exemplary airfoil models are developed for a flight through the still fluid and the corridor itself is conditioned for a qualitative and quantitative analysis.
The numerical corridor is a powerful tool in the early stage of virtual system development.

Impuls-Bilanz im Strömungsraum

Die Idee des numerischen Korridors ist die Modellierung und Simulation von Strömungs-geschehen in einem diskreten Strömungsraum; es zu betrachten, zu analysieren und hinsicht-lich vereinbarter Qualitäten zu bilanzieren. Im Strömungsraum werden rigide Störkonturen bewegt, die ihrerseits Strömungsbewegungen verursachen. Der unberührte Strömungsraum soll ein ruhendes Feld darstellen. Das unterscheidet den Korridor von einem Windkanal-Setup, das ein bewegtes Medium simuliert. Das Simulationsprogramm INDUZ[1] rechnet grundsätzlich den gesamten deklarierten Strömungsraum und es besteht die Möglichkeit Kontrollvolumina zu extrahieren. Die Visualisierung betrifft in erster Linie Strömungsgrößen in einer Schnittebene oder entlang eines Analysepfades. Im numerischen Korridormodell sind die Induktions-wirkungen von Wirbelfadensystemen auf das Fluid von Interesse. Diese stammen von einem mehr oder weniger komplizierten Erzeugendensystem her. Das Erzeugendensystem ist die Störkontur und in unserem Falle eine Auftrieb erzeugende Tragfläche, die durch den Korridor bewegt wird. Eine Tragfläche mit einem kompakten Tragflügelende hinterlässt im Analysekorridor ein Wirbelmuster, beispielsweise einen eindimensionalen singulären Wirbel-faden. Oder eine Schar Lagrange kohärenter Systeme, die später Wirbelfilamente genannt werden. Aufgefiederte Tragflügelenden beispielsweise hinterlassen bei ihrer Bewegung durch den Korridor ein Wirbelfadensystem, das in der Regel spiralige geordnet ist immer dann, wenn die Entstehungsorte der Wirbelfäden eine ebenfalls wohlfeile Anordnung besitzen und gewisse Randbedingungen erfüllen. Es kann gezeigt werden, dass Lagrange gleichdrehende und nah benachbarte Wirbelfäden miteinander Wechselwirken und auch dieses Wechselwirkungs-geschehen auf Induktionswirkungen beruht.

Diese gegenseitig adaptive Induktionswechselwirkung der Wirbelfilamente ist eine selbstrefe-rentielle, autopoietische Gestaltänderung von bis zu 6 Lagrange Kokärenten Systemen und wird im INDUZ-Modell berechnet und nachgestellt. Grundsätzlich darf sich das innere Milieu und dürfen sich die Wirbelqualitäten der einzelnen Wirbelfäden unterscheiden. Und ebenfalls prinzipiell ist die geometrische Anordnung der Entstehungsorte der Wirbelfadensysteme beliebig. Wirbelqualität, die Anordnung der Wirbelfadenquellen und das Bewegungsgesetz der durch den Korridor fliegenden Tragfläche sind die Anfangs- und Prozess-Randbedingungen des Simulationsmodells. Das innere Milieu des Wirbelfadens wird mit der Wirbeligkeit (Vortizität) ω [s^{-1}] und Zirkulation Γ [m$^2 \cdot$s^{-1}] an jeder Stelle des Wirbelfadens beschrieben in Richtung und Betrag. Außerdem herrscht das Bewegungsgesetz mit der Geschwindigkeit v∞, die in ihren x-y- und z-Komponenten die dynamischen Anfangs- und Prozess- Randbedingungen bilden. Die vom Bewegungsgesetz abhängigen und durch den Korridor wandernden Entstehungsorte der Wirbelfäden sind die topologischen Prozess-Randbedingungen der Simulation.

Berechnungsgrößen des numerischen Modells sind in erster Linie die im Fluid herrschen Geschwindigkeiten und Drücke. Das ist insofern von Bedeutung, weil das Modell prinzipiell von einem stehenden, unbewegten Fluid im Korridor ausgeht und die herrschenden Geschwindig-keiten dann alleine von einer Induktionswechselwirkung in der Störkontur herrühren.

Induktionswirkungen sind die so genannten „induzierte Geschwindigkeiten" in einem Strömungsfeld. Ihre Ursache und ein hiermit in Zusammenhang stehendes physikalisches Phänomen ist die Induktion von Impuls p [kg m s^{-1}] in das Feld. Der Impuls p=mv ist eine vektorielle Größe und die Induktion von Impuls ist pfad- und richtungsabhängig[2]. Der spezifische induzierte Impuls i=(p/m) besitzt die Einheit der induzierten Geschwindigkeit v$_i$ [ms^{-1}]; und es ist richtig und auch narrativ sehr elegant, diese beiden vektoriellen und pfadbe-hafteten Größen in Argumentation und Dialog gleichzusetzen. Die Pfadabhängigkeit Lagrange Kohärenter Wirbelfäden und deren Induktionswechselwirkungen spielen die Hauptrolle im Feld und in der Bilanzierung des fluidischen Korridors. Das Modell evaluiert den spezifischen induzierten Impuls an jeder Stelle im Korridor. Numerisch wird das Auftauchen von Impuls in einem Feld als iterativer Vorgang behandelt: eine Kumulation partieller Impulswirkungen! Das ist dem Umstand geschuldet, dass das Modell (noch) nicht synchron und parallel sondern nur sukzessive asynchron arbeitet. Nichtparalleles Arbeiten mag man bedauern, aber es führt auch auf ein paar sehr interessante mathematische Besonderheiten, die zwar in den physikalischen Modellvorstellungen der Lehrmeinung richtig interpretiert werden, doch nicht automatisch in Bilanzen auftauchen. Antworten hängen in der Fluidmechanik nicht selten auch von der Art der Frage ab. Das gilt auch für die edle, inerte Mathematik; vielleicht formuliere ich es so: manchmal unterscheidet sich ein an einem Ort in einem Feld vorgefundener Impuls, von dem jemals in und an diese Stelle induzierten Impuls; und das selbst dann, wenn die Anfangsrandbedingung von einem ruhenden Fluid erzählt.[3] Wie kann das sein? In jedem sukzessiv kumulierenden Modell (irgendwelcher) physikalischer Phänomene kommt es (sofern sie extensiv und konservativ sind) zu Überlagerungen und Auslöschungen. Die jemals von einem oder mehreren Wirbeln in das Feld induzierten Impulse an einer Stelle ebendort besitzen vielleicht verschiedene Vorzeichen, weil sie (Lagrange) pfadabhängig sind und die an einer Stelle in Bilanzraum vorgefundenen Kumulationsergebnisse berichten nichts über den Zuzug und den Weggang während ihrer iterativen Entstehung. Gleichsam besitzen alle an einer Stelle auftauchenden Partialgeschwindigkeiten einen induktiven Ursprung im Feld. In diesem Zusammenhang spreche ich von einer „Impulsforderung des Feldes"; das ist ein umstrittener Begriff. Jeder Wirbelfaden besitzt eine bestimmte „Wirkmächtigkeit" die von seiner physikalischen Kondition (Vortizität ω, mit der Dimension $[LT^{-1}]$) abhängt, aber eben auch von seiner Lagrangen Richtung im Feld. Die Wirkmächtigkeit ist der in die Strömung eingebrachte (Impuls-) Bruttobetrag, die Impulsforderung des Feldes. Wobei Betrag die mathematische Methode benennt, die zur Evaluierung dieser Bilanzgröße taugt. In einem numerischen Modell existiert diese in das System induzierte Größe nur zu einem einzigen Zeitpunkt, nämlich nach ihrer Berechnung und vor der (numerischen) Kumulation im Feld. Sie muss an diesem Ort und zu diesem Zeitpunkt erhoben werden, ansonsten kompensiert sie lokal. Warum ist die Impulsforderung des Feldes wichtig für die Untersuchung der Strömung?

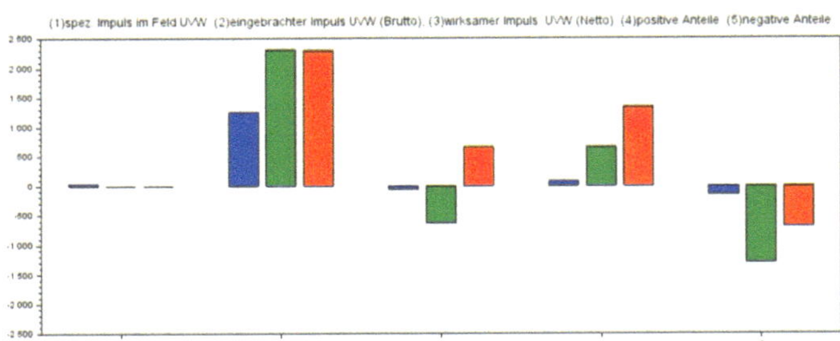

Abb.1: spezifischer, induzierter Impuls $[LT^{-1}]$, bilanziert in einem dreidimensionalen fluidischen Feld.

Impulsforderung herrscht, wenn sich ein oder mehrere Lagrange Kohärente Wirbelfadensysteme in einem Feld aufhalten. In den allermeisten Modellen der herrschenden Lehrmeinung wird der Impulsforderung des Feldes nicht genügt. Weil sie als physikalisches Phänomen in der

Fluidmechanik nicht konnotiert wird, was in der Elektrodynamik ja bekanntlich und zum Glück anders ist. Vielleicht liegt das an der in weiten Kreisen unbeliebten Feldtheorie, die angewandt auf die Fluidmechanik gewisse „Vereinfachungen" wie etwa Reibungsfreiheit oder die Vermeidung von Singularitäten fordert. In den 80er Jahren und in experimentellen Szenarien wurden gerne Begriffe aus der damals populären Chaostheorie bemüht, um schlechtstrukturierte fluidmechanische Phänomene zu beschreiben. Strömungswirkungen in und von fluidischen Attraktoren[4] wurden gemessen, fotografiert und das Chaos selbst als Gestaltformende Ursache und Metapher diskutiert. Unterdessen gewannen in der Fluidmechanik mit zunehmender Verfügbarkeit an Rechenleistung und Code die eher naturwissenschaftliche Betrachtungsweise an Bedeutung. Und deren Methoden: in erster Linie finite numerische Verfahren, wie die Computational Fluid Dynamics, CFD und neuerdings gitterfreie Partikelmethoden (SPH). Im Wissenschaftsbereich haben sich in den vergangenen Jahren Fronten gebildet und verhärtet[5]. Lagrange Kohärente Systeme haben in die kommerziellen CFD-Verfahren vom Stand der Technik und leider auch in die Lehrmeinung bislang keinen Eingang gefunden. Betreiben wir also weiter ein wenig Feldtheorie.

Impulsmächtigkeit. Ist die zu kumulierende Größe der spezifische Impuls i, erscheint dieser (in einem numerischen SetUp) in Gestalt seiner Lagrangen Komponenten $(iU, iV, iW)_{BRUTTO}$. Die Bilanz der Impulsmächtigkeit und damit des spezifischen Impulses $(iU, iV, iW)_{BRUTTO}$ erfolgt also komponentenweise, nur zum Zeitpunkt seiner „Entstehung" und ist betragsmäßig ein Maß für den <u>jemals</u> in das Feld induzierten Impuls $[LT^{-1}]$ (Abb.1: spez. induzierter Impuls; Position(2)). Ganz anders die im Feld auffindbare Impulswirkung. Nennen wir sie: $(iU, iV, iW)_{NETTO}$; sie ist an jeder Stelle auffindbar wird ebenfalls komponentenweise bilanziert (Abb.1: spezifischer, induzierter Impuls; Pos(3)). Im mathematischen SetUp haben hier die Kompensationen bereits stattgefunden.

Die Resultierenden Intensitäten an jeder Stelle im Feld und in einer Bilanz $iR^2 = (iU^2 + iV^2 + iW^2)$ verlieren die Richtungsinformation an diesem Ort. Die integrale Bilanz über einen dreidimensionalen euler'schen Raum ist selbst wieder eine Kumulation, in der Richtungsinformationen verloren gehen. Deshalb ist es von Belang, auch diesen Integralwert in seinen Komponenten zu bilanzieren und die Richtung der Komponenten zu notieren. (Abb.1: spezifischer, induzierter Impuls. Position(4): positive Anteile bilanziert; Pos(5) negative Anteile bilanziert). Für den Fall, dass die dynamische Anfangsrandbedingung v∞ ungleich Null ist, weist die Position(1) in der Graphik (Abb.1: spezifischer, induzierter Impuls) die vom induzierenden System im „Feld vorgefundene" lokale Geschwindigkeit aus; sie hat die Dimension des vektoriellen spezifischen Impulses $[LT^{-1}]$.

Bevor wir das Ergebnisfile der Simulation und das daraus abgeleitete Balkendiagramm (Abb.1) lesen, betrachten wir zuerst, auf welches Beispiel sich die Bilanz bezieht. Berechnet wird ein spiraliges Wirbelfadensystem wie in Abb.2. Der Korridor wird von einem Tragflügelsystem durchflogen, das zwei Wirbelfäden generiert. Der Flug beginnt bei x=0 und befindet sich nach 30 Zeitschritten an irgendeiner Position im Korridor. An dieser Stelle wird das Wechselwirkungsgeschehen „eingefroren" und bilanziert. Wir sehen, dass die beiden Wirbelfäden unmittelbar nach ihrer Entstehung beginnen, ein spiraliges Wirbelsystem aufzubauen. Die Auslenkung des jeweils anderen Wirbelfilaments stammt aus dem in das Feld induzierten Impuls an jedem Ort. Das Interaktionsmodell dieser Fluid-Filament-Wechselwirkung (FFWW) ist selbstreferentiell und bezieht neben der fremden auch die eigene Induktionswirkung (auf sich selbst) mit ein. Was das Geschehen zu einem autopoietischen Geschehen physikalischer Selbstorganisation erhebt aber an dieser Stelle nicht weiter vertieft werden soll.

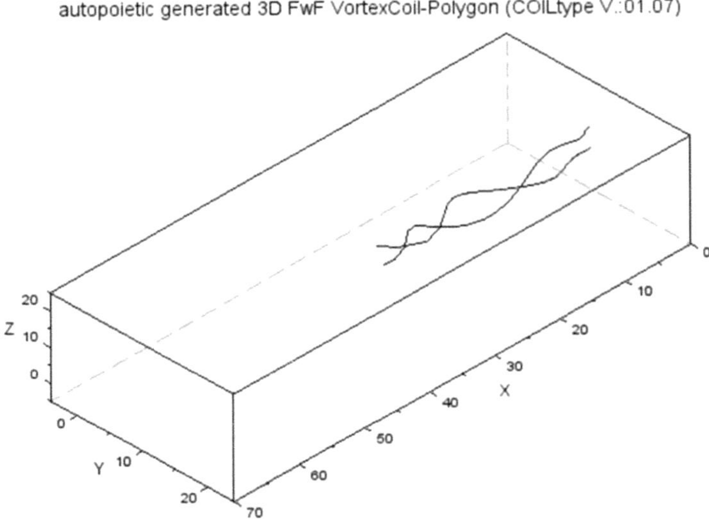

Abb. 2: Wirbelspule: ein zweigängiges spiraliges Wirbelfadensystem im Analysekorridor.

Fassen wir das Relevante dieser Szene zusammen: Ein Erzeugendensystem für Wirbelfilamente durchfliegt den Korridor. Zwei zusammenhängende, kohärente Wirbelfäden mit gleicher Lagranger Kondition (etwa der konstanten Zirkulation Γ [L^2T^{-1}]) beginnen ad hoc eine Wechselwirkung und eine zweigängige Wirbelspirale entsteht. In einer Animation würden wir nun entdecken, dass dieses Wirbelsystem im Nachlauf, während des Fluges der Störkontur im Korridor, rotiert. Später wird zu diskutieren sein, dass die Existenz einer Wirbelspule aus fadenförmigen kohärenten Filamenten das Strömungsfeld deutlich beeinflusst und es „organisiert". Um die und im Innern der Wirbelspule wird vormals ruhendes Fluid beschleunigt und durch das spiralige System transportiert. Und ein (sagen wir mal: quasi aus dem Nichts) beschleunigtes Fluid besitzt physikalisch gesehen die Qualität einer Reaktionskraft, die man ihrerseits mit einer Impulswirksamkeit des fluidischen Arrangements erklären kann. Es wird also kompliziert.
Eine Bilanz ist unabhängig von Erklärungszielen. Formal gesehen enthält sie lediglich ein paar berechnete physikalische Größen und gegebenenfalls Ableitungen derer. Die Geschwindigkeit korreliert mit dem Impuls, mehr noch: die induzierte Geschwindigkeit ist der vektorielle spezifische induzierte Impuls im Feld. Der Gradient der Geschwindigkeit (die Beschleunigung) korreliert mit einer Kraft, ebendort: etwa einer Schubkraft. Dies ist relevant für ein kompliziertes Strömungsgeschehen, welches aus einer Induktion herrührt! Beginnen wir also semantisch und formal und klären den Zusammenhang der induzierten Geschwindigkeit mit anderen physikalischen Größen. Hierzu rufe ich gerne noch einmal in Erinnerung:

Größe	Symbol	Einheit	also	Dimension	Zusammenhang
Länge	s, l, d	m		L	
Volumen	V	m^3		L^3	
Zeit	t, s	s		T	
Masse	m	kg		M	
Dichte	ρ	$kg\ m^{-3}$		$M\ L^{-3}$	$1/l^3$
<u>Bilanzgrößen und Abgeleitete:</u>					
Geschwindigkeit	v_i	$m{\cdot}s^{-1}$		$L \cdot T^{-1}$	v_i
Wirbelstärke, Vortizität	ω	s^{-1}		T^{-1}	
Zirkulation	Γ	$m^2 \cdot s^{-1}$		$L^2 \cdot T^{-1}$	
Impuls	p	$kg{\cdot}m{\cdot}s^{-1}$	$N{\cdot}s$	$M \cdot L \cdot T^{-1}$	$\rho \cdot v_i$
Kraft	F	$kg{\cdot}m{\cdot}s^{-2}$	N	$M \cdot L \cdot T^{-2}$	$\rho \cdot dv_i/dt$
Druck	p	$kg{\cdot}m^{-1}{\cdot}s^{-2}$	$N{\cdot}m^{-2}$, Pa	$M \cdot L^{-1} \cdot T^{-2}$	$\rho \cdot l^{-2}{\cdot}dv_i/dt$
Energie	W	$kg{\cdot}m^2{\cdot}s^{-2}$	$N{\cdot}m$, J	$M \cdot L^2 \cdot T^{-2}$	$\rho \cdot v_i{}^2$
Leistung	P	$kg{\cdot}m^2{\cdot}s^{-3}$	$N{\cdot}m{\cdot}s^{-1}$, W	$M \cdot L^2 \cdot T^{-3}$	$\rho \cdot v_i{}^2/t, \rho{\cdot}l^{-1}v_i{}^3$
Kinematische Viskosität	ν	$m^2 \cdot s^{-1}$		$L^2 \cdot T^{-1}$	
<u>Dichteunabhängige Größen:</u>					
Spezifischer Impuls	ip	$m{\cdot}s^{-1}$		$L \cdot T^{-1}$	v_i
Spez. Geschwindigkeit	$v_i/v\infty$	-	-	-	-
Druckkoeffizient	Cp	-	-	-	$1-(v_i/v\infty)^2$
Spezifische Energie	iW	$m^2{\cdot}s^{-2}$	-	$L^2 \cdot T^{-2}$	$v_i{}^2$
Spezifische Leistung	iP	$m^2{\cdot}s^{-3}$	-	$L^2 \cdot T^{-3}$	$v_i{}^3/l$

Tabelle 1. Erste Berechnungsgrundlagen für die Bilanz eines fluidischen Korridors

Natürlich sagen wir das einfach so dahin: Leistung ist Arbeit pro Zeit. Und Arbeit ist Kraft mal Weg. Und Impuls ist Masse mal Geschwindigkeit. Oft ohne die Bedeutung zu reflektieren! Aber diese semantischen Weisheiten sind äußerst nützlich beim Lesen von Bilanzen. In Besitz des spezifischen induzierten Impulses können wir funktionale Zusammenhänge mit geläufigen Strömungsgrößen formulieren: den Impuls selbst, lokale Reaktionskräfte, die lokal umgesetzte Energie im Sinne einer Deformationsarbeit am Fluid und die Wirkleistung an einem Ort im Raum oder entlang eines Pfades, spezifische Geschwindigkeiten, Felder über Druckgradienten.

Hervorragend geeignet für qualitative Überblick-Untersuchungen (Survey) sind von der Masse befreite, also spezifische physikalische Größen. Dabei bereitet die so klar definierte spezifische lokale Geschwindigkeit ein wenig sorgen, weil es keine klaren Definitionen gibt darüber, ob man sie auch komponentenweise schreiben darf. Mit der Antwort auf diese Frage wackelt natürlich auch die Berechnung des lokalen Druckgradienten in Richtung „Ermittlung". Die von der Dichte befreiten Bilanzgrößen dagegen sind freundliche Parameter. Weil wir sie intuitiv verstehen. Den spezifischen induzierten Impuls an einem Ort haben wir bereits als die vektorielle und richtungsabhängige, induzierte Geschwindigkeit identifiziert. Eine spezifische Energie besitzt leider weniger Aussagekraft als man ihr gerne zuschreiben möchte einfach deshalb, weil durch das quadratische Glied (Geschwindigkeitsterm) die Lagrange Richtungsinformation der Energie verlorengeht. Dennoch sind energetische Betrachtungen von Belang, weil Energie immer auch „die Wandelbare" ist. Beim Fliegen beispielsweise, kann man sich aufgezehrte Energie als eine Verformungsarbeit am Fluid durchaus bildlich vorstellen; Fluidmechaniker sprechen in diesem Zusammenhang gerne von DownWash und sogar von SideWash. Wovon an anderer Stelle die Rede sein soll.

Anders die spezifische Leistung, sie wiederum ist richtungsbehaftet (iP~ vi·vi·vi), was auf der anderen Hand bedeutet, dass man Leistung entlang eines Pfades zu betrachten hat. Maßstäbliche physikalische Größen beobachten zu wollen, bedeutet in der Welt der Modelle angekommen zu sein. Mit der Zeit denkt, ja träumt man im MKS-System[6], die Dimensionen: L=Meter, M=Kilogramm, T=Sekunde! Ein numerisches physikalisches Modell arbeitet in L=λ·LE (Längeneinheiten) M= μ·ME (Masseeinheiten) und T= τ·TE (Zeiteinheiten). In maßstäblichen Berechnungen sind alle Parameter dieser Maßstäblichkeit unterworfen. Das ist leicht zu verstehen immer dann, wenn neben Berechnungsgrößen grundsätzlich deren Dimensionen in den Formen der numerischen Behandlung beigestellt werden. Simulationsmodelle tun dies vom Betrachter unbeachtet. Eine Vereinfachung in diesem Simulationsmodell ist ($\mu=\tau=1$), so dass nur die Längendimensionen L=λ·LE in den Berechnungsformen auftauchen. Es bleibt beispielsweise die Geschwindigkeit in diesem Simulationsmodell das Verhältnis aus Längeneinheiten L=λ·LE zu Zeiteinheiten T. Die Betrachtung eines Tragflügels als bewegte Störkontur in einem Korridormodell hilft die Maßstäblichkeit der Bilanz über ein fluidisches Feld zu interpretieren.

Ich fasse kurz zusammen, was wir über Auftrieb erzeugende Tragflügel wissen sollten. Nach Prandtl und gemäß des Kutta-Joukowski Theorems[7] folgt für die spezifische Auftriebskraft am Tragflügel: L/b=ρ·v·Γ [Nm^{-1}], die bei Aerodynamikern beliebte Schreibweise. Gleichsam berechnen wir den dynamischen Auftrieb L [N] als den senkrecht zur Anströmung stehenden Anteil, der aus dem Auftriebsgeschehen wirkenden Liftkraft und den Widerstand W[N], entlang der Wirklinie: L=$(\rho/2)$·A·C_L·v^2 und W=$(\rho/2)$·A·C_w·v^2. Die Koeffizienten C_L und C_W (Auftriebsbeiwert und Widerstandsbeiwert) sind von der Gestalt des Profils und den Widerstandseigenschaften (Form und Oberflächenreibung) in der Strömung abhängig. In der Regel werden die Koeffizienten als Funktion des Anstellwinkels des Tragflügelprofils angegeben tabelliert.
Wie also geht dieser abstrakte Ansatz in die Modellierung des numerischen Modells, in die Simulations- und letztendlich in die Berechnungspraxis, ein? Die Wirbelstärke ω eines Wirbelfadens ist leicht zu verstehen, denn die Einheit der Frequenz [s^{-1}] und deren Dimension [T^{-1}] kennen wir vom heimischen Drehzahlmesser [1/min], eines hübschen Motorrads vielleicht.
Die Zirkulation Γ ist eine extensive Größe und sie ist konservativ! Extensive Größen dürfen sinnvoll addiert werden: sie sind superponierbar! Die Zirkulation ist anschaulich die Rotationsgeschwindigkeit in L·T^{-1} multipliziert mit einer Längendimension L, beispielsweise in einem Wirbelfadensektor der Länge Δs und damit eine extensive Größe. Nach Prandtl hängt die Zirkulation von der Wirbelstäke ω, der Profiltiefe t, der Systemgeschwindigkeit V∞ und dem spez. Auftriebsbeiwert CL ab. Diese Beziehung ist von praktischer Relevanz.
Anders als extensive Größen, sind intensive Größen „spezifische Größen"! So ist die Dichte eines Mediums die Masse des Mediums pro Volumeneinheit, also: M·L^{-3}, der Druck ist die Kraft pro Fläche: M·L^{-1}·T^{-2} und die Temperatur ist die Energie pro Masse. Intensive Größen sind nicht kumulativ.

Physikalische Zusammenhänge

Die Idee des Korridors ist nicht Flugsysteme als Solche zu Simulieren. Sosehr auch die Aussicht, ein Modellflugzeug durch eine Messeinrichtung segeln lassen zu können besticht, war dieser Kindertraum nicht der Anlass der Entwicklung des numerischen Korridors.
Natürlich sind Untersuchungen am Vollmodell erkenntnisreich. Besonders schön anzusehen: die Geschwindigkeitsverteilung der Radialkomponente V (zweite von links, in Abb.4); systembedingt besitzen die beiden Tragflügelenden jeweils Zirkulationen mit umgekehrten Vor-

zeichen. Auch von Belang: die andere Radialkomponente W (zweite von rechts, in Abb.4) entwickelt keine gleichmäßig verteilten Anteile in Z-Richtung (+2.0 vs -1.8) was tatsächlich im adaptiven Wechselwirkungs-Simulationsmodell zu einer „Ausschweifung der Wirbelfäden" in negativer Z-Richtung führt (DownWash?); zu sehen in der Graphik einer Wirbelspur Abb.3.

Die Resultierende der induzierten Geschwindigkeit verliert (natürlich) die Richtungsinformation (rechts, in Abb.4), aber auch sie ist wunderbar symmetrisch. Wunderbar? Na ja, die Bilanz-Summe der Induktionsgrößen im Feld ist leider gleich Null. Aus Symmetriegründen des (Voll-) Modells.

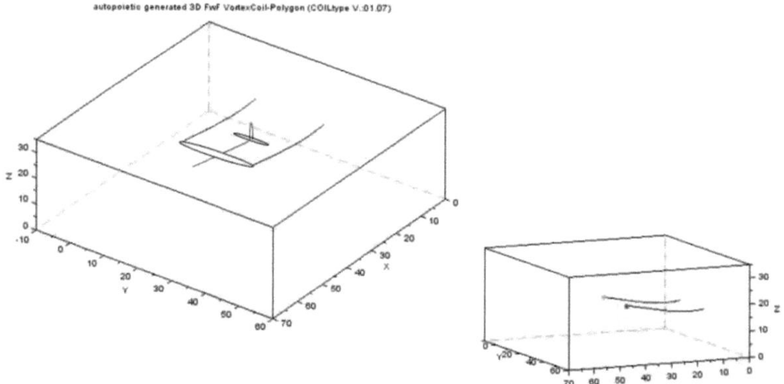

Abb.3: berechnete Wirbelspur der Haupt-Tragfläche eines Modellflugzeugs (Prinzip-Skizze). Ausschweifung (rechts im Bild; Stb: grün, BB:rot).

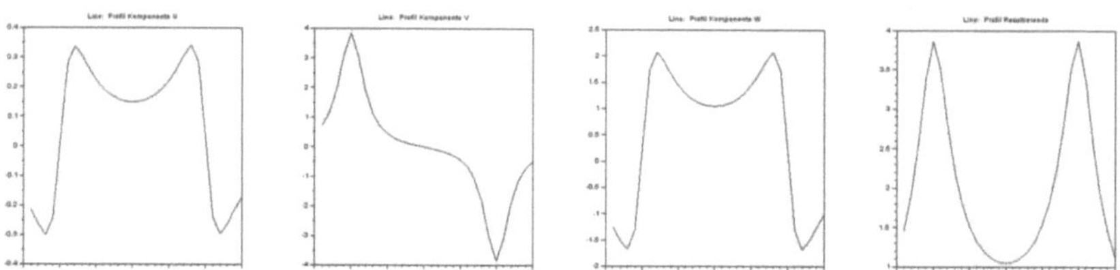

Abb.4: Berechnete induzierte Geschwindigkeit im Nachlauf einer Modelltragfläche. Komponente U, Radialkomponenten V, W und Resultierende (von links nach rechts).

Für die Untersuchung Lagrange Kohärenter Wirbelfilamente und ihrer Wechselwirkungsphysik ist ein beliebig deklarierbarer Korridor, in dem ebenfalls beliebige Störkonturen, unterschiedener Geometrie und dynamischer Anfangsrandbedingung „eintauchen" können um ihn zu durchsegeln, viel attraktiver. Betrachten wir einige Mitspieler in diesem Szenario:

Größe	Symbol	Einheit	Dimension	Zusammenhang
System-Spannweite	s	[m]	L	s=2·b
Tragflächentiefe	t	[m]	L	
Profildicke	d/t	[%]		Tabellenwert, o. berechnet
Teilflügelteil				
Tragflächenlänge	b	[m]	L	s/2
Tragfläche	Ab	[m^2]	L^2	Ab = b ·t
Fläche, benetzt	An	[m^2]	L^2	An = 2 ·Ab
Fläche, projeziert	Ap	[m^2]	L^2	Ap = b · d
Profilfläche	Af	[m^2]	L^2	Af = t · d
Schlankheitsgrad	λ	[-]	-	λ = b^2/Ab
Gefiederfinger	n	[-]	-	
Systemgeschwindigk.	V∞	[m s^{-1}]	L T^{-1}	v_∞^2 = U^2+V^2+W^2
Lift-Beiwert	C$_L$	[-]	-	Tabellenwert, o. berechnet
Widerstandsbeiwert	C$_W$	[-]	-	
Zirkulation	Γ	[m^2 s^{-1}]	L^2 ·T^{-1}	Γ= L/(ρ·b·v)= 2·t·C$_L$·v
Wirbelstärke	ω	[s^{-1}]	T^{-1}	ω = Γ / Af
Reynoldszahl	Re	[-]	-	Re = (v∞ · t)/ ν

Kräfte am Tragflügelmodell				
Auftriebskraft	L	[N]	M·L·T^{-2}	L =ρ/2 ·Ab·C$_L$·v^2=ρ·b·v·Γ
spezifischer Lift	L/b	[N m^{-1}]	M·T^{-2}	L/b = - ρ·v·Γ
Formwiderstand	WF	[N]	M·L·T^{-2}	WF = ρ/2 ·Ap·CF·v^2
Friktion	WR	[N]	M·L·T^{-2}	WF = ρ/2 ·An·CR·v^2
Induziert Widerstand	Wi	[N]	M·L·T^{-2}	WF = ρ/2 ·Ab·Ci·v^2
Widerstandskraft	W	[N]	M·L·T^{-2}	W = WF + WR + Wi
Spez. Widerstand	W/b	[N m^{-1}]	M·T^{-2}	W/b

Widerstands-Koeffizienten (nach Prandtl)			
Form		CF	Tabellenwert, oder berechnet
Reibung	(glatt, laminar)	CR1	= 1.327· (Re) $^{-1/2}$
Reibung	(glatt, turbulent)	CR2	= 0.074 · (Re) $^{-1/5}$
Reibung	(rau, turbulent)	CR3	= 0.418 · (2+lg(t/k)) $^{-2.53}$
Reibung	(glatt, laminar)	CR4	= 1.327 · (Re) $^{-1/2}$
Induzierte		Ci	= CL^2 /π / λ

Stoffwerte				Wasser	Luft
Dichte	ρ	[kg m^{-3}]	M L^{-3}	1000	1.2
Kin. Viskosität	ν	[m^2 s^{-1}]	L^2 s^{-1}	0.000001	0.0000133

Tabelle 2. Analysevorbereitung: Berechnungsgrundlagen für das Auftrieb erzeugende System.

Die weiteren Zusammenhänge in der Tabelle 2 bilden die Grundlage zur Beschreibung der Anfangsrandbedingungen für die Messobjekte im fluidischen Korridor und wir stellen fest, dass das Modell für unterschiedliche Medien taugt. Auch werden technische Flieger und Biosysteme (besser: deren Modelle) in Korridoren bilanzierbar sein, die beliebige Medien enthalten, bewegt oder ruhend. An dieser Stelle sei kurz ein Hinweis zur der Bilanz von Gefieder im Korridor angebracht: Superponierbarkeit konservativer Größen lässt die Kumulation partieller Größen zu, im Feld. Aus dieser Modellvorstellung leitet sich die Simulation der aufgefingerten, vormals als kompakt angesehenen Tragfläche ab, ein Szenario, das bei den Tragflächen biologischer Landsegler gesehen wird. Hilfreich für das numerische Modell sind auch technische Partial-Tragflächen und es erscheinen nun folgende Formen:

Größe	Zusammenhang	Einheit	Dim.
Zirkulation (kompakt)	$\Gamma = 2 \cdot t \cdot C_L \cdot v$	$[m^2\ s^{-1}]$,	L^2T^{-1}
Partial-Tragfläche	t_p n Tragflügelfinger $t_p = (1/n) \cdot t$	$[m]$	L
Partial-Zirkulation	Γ_P n Tragflügelfinger $\Gamma_P = (2/n) \cdot t_p\ C_L\ v$	$[m^2\ s^{-1}]$,	L^2T^{-1}

Hinsichtlich der Zirkulation ist der Schlankheitsgrad der Auftrieb erzeugenden Tragfläche von Belang. In der Technik, aber auch in der belebten Natur finden wir ganz unterschiedlich geschnittene Tragflügelformen vor. Die schnellen Segler, wie etwa der Albatros (am Südpol) oder die Silbermöwe (in Sankt Peter Ording, mein Albatros für Arme) besitzen eine große Streckung $\lambda \gg 1$, die Landsegler eher eine kastenförmige Tragflächenform und ein kleines λ. Also fragen wir uns (an falscher Stelle natürlich) ob das nun gut ist oder eher schlecht?

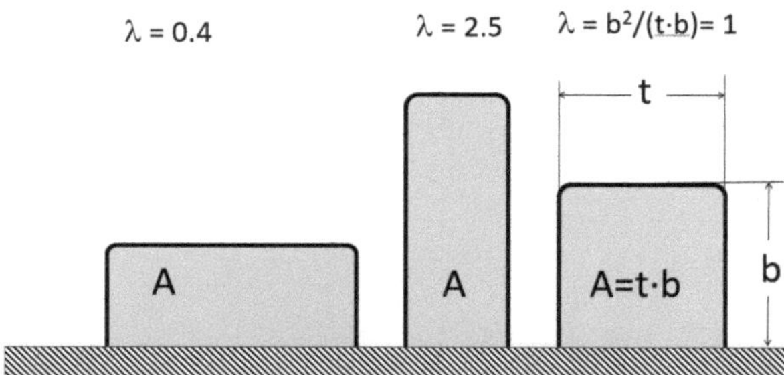

Abb.5: Modellannahmen, λ: Streckung; Aspect Ratio (für rechteckige Tragflächen).

Artifizielle, moderne Segelflugzeuge wie Albatrosse haben eine größere Streckung. Die Evolution der Seevögel und die ihrer Fortbewegungsstrategien (bei Möwen und Albatrossen der dynamische Gradientenflug[8]), haben als Randbedingung, dass es Energie gibt im Überfluss. Da ist die Ausnutzung des Geschwindigkeitsgradienten der Strömung eine kluge Strategie. Hochleistungs-Segelflugzeuge ($\lambda > 30$) verfolgen andere Ziele als beispielswese Gänsegeier, die eine Familie von kleinen Gänsegeiern zu versorgen haben und aus diesem Grund in langsamen Fluge über der Savanne kreisen: zur Nahrungssuche. Für einen Geier lohnt sich eine Boden-landung nur, wenn eine Nahrungsaufnahme sicher in Aussicht steht. Aasfresser sind deshalb absolute Spezialisten in der Beurteilung „nicht-intakter Beute". Elegante Zielsysteme, also intakte Beute oder eben Nicht-Beute, wird ausgeschlossen. Eleganz-Spezialisten! Es setzt voraus, dass eine fluidische Warte existiert. In Hundert oder 200 Metern Höhe. Dort kreisen die Gänsegeier. Dieser Geschichten gäbe es viele zu erzählen, denn unser Planet ist ein riesiges Forschungslabor. Dem Sapiens aber fällt nichts Besseres ein, als ihn in Schutt und Asche zu legen.

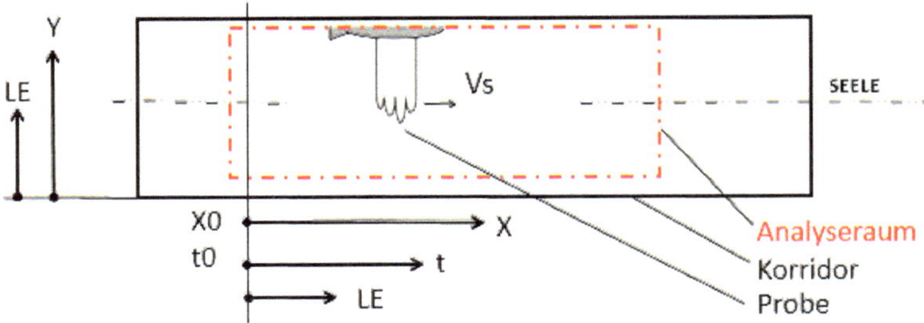

Abb.6: Probe und Analyseraum im Korridor

Das Feld, der Analyseraum und die Probe sind drei vollkommen voneinander verschiedene Sichtweisen[9]. Der Korridor, der Analyseraum (Euler) und das geometrische Modell (Lagrange) sind miteinander verschränkt. Das Korridormodell enthält Stützwerte und Gitter der numerischen Simulation, die Koordinaten. Und das Korridormodell lässt weitgehend Skalierung der in den Korridor eingesetzten Geometrie zu. Grundsätzlich können wir also den Kleinen UHU (Flugmodell, Spannweite S=1.1m) ebenso behandeln wie den Tragflügel des Pilatus Turbo-Porter (Transportflugzeug, Spannweite S=15.1m) im Medium Luft, als auch Surfboardfinnen (Labor-Finne, Spannweite S=0.12m) im Medium Wasser oder Hydrofoils (Unterwassertragflügel der Americas Cupper AC75, Spannweite S=4m). Immer und wieder suchen wir also nach den geometrischen und dynamischen Anfangsrandbedingungen für eine Impulsbilanz im Feld.

Simulation des Modellflügels im Korridor.

Betrachten wir die Impulsforderung im Feld. Entscheidend für eine Simulation im ruhenden Feld sind die dynamischen Anfangsrandbedingungen im Korridor. Das Feld ruht. Es gibt eine Systemgeschwindigkeit der Störkontur $V\infty$. Daraus entwickeln sich Zirkulationen am Tragflügelende und Wirbelstärken um eine Randbogenkontur. Enthält ein fluidischer Raum Wirbelelemente, herrscht eine Impulsforderung. Das Tragflügelmodell im Feld ist ein rechteckiger Flügel mit einer bestimmten Wirbelstärke und einer solitären theoretischen Zirkulation ω_{th} bzw. Γ_F an seiner Randbogenkontur. Das sind die dynamischen Anfangsrandbedingungen (exemplarisch in Tabelle 3) im Vorfeld der Simulation.
Für die Impulsbilanz berechnen wir das Modell eines „schmutzigen Flügels" im fluidischen Korridor, einen Tragflügel also, der wenigstens einen Artefakten beiführt.
Nach dem Theorem von Kutta und Joukowski berechnen wir in diesem Modell die Zirkulation an der Kontur des Tragflügelendes:

$$\text{Zirkulation} \qquad \Gamma_F = 2 \cdot t \cdot C_L \cdot v\infty \quad [m^2\,s^{-1}], \qquad L^2T^{-1}$$

Genauso wie die Wirbelstärke ω des von einem Randbogen abgehenden Lagrange Kohärenten Wirbelfadens, ist die Zirkulation, also das innere Milieu des Wirbelfadens Γ_F in diesem Sinne nur eine Ersatzfunktion. Das Modell geht von der Existenz eines idealisierten „proper Vortex-LCO" aus: An LCO as it should be! Ein Lagrange Coherent Object (LCO) wie es idealerweise sein soll. Es ist natürlich für einen Strömungsmechaniker nicht unvermittelt einzusehen, dass es einen „proper Vortex" überhaupt geben soll. Das Narrativ des „proper Vortex" stammt aus einem anderen Untersuchungskontext, der die Impulswirksamkeit eines von einer Randbogen-kontur in den Nachlauf des Tragflügels abfließenden Wirbelfadens ermittelt. In diesem Zusammenhang wird von einer theoretisch möglichen Vortizität ω_{th} des LCO-Wirbelfadens gesprochen:

Theoretische Wirbelstärke: $\omega_{th}= \Gamma_F /(t{\cdot}d) = 2{\cdot}\, t \cdot C_L \cdot v\infty /(t{\cdot}d) = 2 \cdot C_L \cdot v\infty/d$ $[s^{-1}]$, T^{-1}

In unserem Modellansatz ist die Profildicke d der schädliche Parameter der Wirbelqualität. Eine Argumentation, die sich in der Analyse- und Gestaltungspraxis als zutreffend erweist.

Tabelle 3: Auftriebsbeiwert und Widerstandsbeiwert der Profilkontur NACA 2310 als Funktion des Anstellwinkels. Hervorgehoben ist der Stallwinkel mit einem maximalen Auftriebsbeiwert von CL = 1.34.

α	CL	Cw
[°]	[-]	[-]
-12,0	-0,849	0,02341
-10,0	-0,810	0,01203
-8,0	-0,652	0,01044
-6,0	-0,452	0,00953
-4,0	-0,227	0,00901
-2,0	0,009	0,00876
-0,0	0,247	0,00831
2,0	0,485	0,00814
4,0	0,718	0,00883
6,0	0,941	0,01048
8,0	1,134	0,01213
10,0	1,274	0,01172
12,0	1,343	0,01737
14,0	1,325	0,02311
16,0	1,216	0,04174
18,0	1,047	0,08525
20,0	0,869	0,14032

Abb. 7: Profilkontur NACA 2310

Profiltiefe	t	[m]
Profildicke	d	[m]

Das Programmsystem Javafoil ist ein freies Berechnungsprogramm von Martin Hepperle[10]. für Tragflügelprofile nach der Potentialtheorie.

Hintergrund der proper Vortex-Argumentation ist der Vogelflug und das Gefieder biologischer Flieger. Mit der Auffingerung des Gefieders am Randbogen der biologischen Tragfläche (Evolution von Gestalt) gelingt eine Auflösung des Randwirbelgeschehens in partielle Wirbelfäden. In direkter Analogie der räumlichen Bewegung der Wirbelfadensonde in diesem Aufsatz, bildet sich im Nachlauf der Auftrieb generierenden Tragfläche ein spulenförmiges Wirbelgebilde aus, was zu einem vorteilhaften Impulsaustausch führt (Evolution von Prozessen). Eine Schar aus proper Vortex Wirbelfäden ist (Impuls-) wirkungsvoller, als eine „verschmierte" Wirbelspur im Nachlauf der Tragfläche, wie etwa bei einem technischen „Winglet". Gefieder, Winglets und Wirbelspulen sind nicht Gegenstand der Ausführungen (siehe Felgenhauer 2023[11,12]).

Geometrische und dynamische Anfangsrandbedingungen für Tragflügel im fluidischen Korridor					
	Modell	Modellflugzeug Der kleine UHU	Pilatus PC-6 TurboPorter	Surfboard Laborfinne[a]	Hydrofoil des AC75[b]
geom. Randbedingungen					
Form (Ersatzmodell)	Form	Kastenform	Kastenform	Trapezform	Kastenform
Profiltyp, Ersatzprofil	Name	ProfilGraupner[d]	NACA64-514	NACA 0006	NACA2310
Spannweite (total)	m	1.1	15.1	(0.2)	4.0
Flügellänge (0.5 Spw. Im Korridor) b	m	0.55	7.55	0.2	2.0
Profiltiefe (mtt) t	m	0.12	1.9	0.12	0.25
Profildicke (Daten) d	% t =m	10 %t = 0.012	14 %t = 0.266	6 %t = 0.0072	10 %t = 0.025
Streckung ($\lambda = b^2/Ab$) λ	-	4.6	3.97	1.67	8
Liftbeiwert(max, berechnet) CL	-	1.2 (10°)	1.53 (12°)	0.58 (8°)	1.43 (12°); 2.3[c]
Tragfläche (Modell) Ab	m^2	0.066	14.35	0.024	0.5
Tragfläche benetzt An	m^2	0.132	28.7	0.048	1.0
Tragfläche projeziert Ap	m^2	0.0066	2.008	0.00124	0.05
Profilfläche (brutto) (d · t) Af	m^2	nn	nn	nn	nn
Medium / Fluid		Luft	Luft	Wasser	Wasser
Medium: Dichte ρ	kg/m^3	1.2	1.2	1000	1000
Medium: kin. Viskosität ny	$m^2 s^{-1}$	0.000 013 3	0.000 013 3	0.000 001	0.000 001
dynam. Anfangsbedingungen					
Geschwindigkeit (max)	$m s^{-1}$	8.0	77.8	12.0	25.0
Geschwindigkeit (Modell) Vx	$m s^{-1}$	8.0	69.4	7.0	10.0
Geschwindigkeit (Modell) Vy	$m s^{-1}$	0.0	0.0	0.0	0.0
Geschwindigkeit (Modell) Vz	$m s^{-1}$	0.0	0.0	0.0	0.0
Geschwindigkeit (scheinbare~) $V\infty$	$m s^{-1}$	8.0	69.4	7.0	10.0
Reynold-Zahl (Modell, t, vue) Re	-	$0.050 \cdot 10^6$	$10.0 \cdot 10^6$	$0.840 \cdot 10^6$	$2.50 \cdot 10^6$
Wirbelfaden-Spezifikation					
Quellpunkte (homogen) n	-	1	1	1	1
Tiefe Partialtragfläche tp	m	-	-	-	-
Systemische Randbedingung					
Wi-Beiwert Form CWb	-	0.08	0.08	0.08	0.08
WI-Beiwert Frict. (0.074 $Re^{-1.5}$) CWp[e]	-	0.06	0.002	0.1	0.19
WI-Beiwert Induz. ($CL^2/\pi/\lambda$) CWi	-	0.1	0.19	0.06	0.2
Berechnungsergebnisse					
Liftkraft L	N	3.04	63448	341	35750
Spezifische Liftkraft L/b	Nm^{-1}	1.67	8404	1705	17875
Widerstand Form WF	N	0.2	3318	47	2000
Widerstand Friction WR	N	0.15	82.9	58.8	4750
Widerstand Induziert Wi	N	0.25	7879	35.3	5000
Widerstand Total W=WF+WR+Wi	N	0.6	11280	141.1	11750
Spezifische Widerstandskraft W/b	Nm^{-1}	1.1	1494	705.5	5875
dynamische Anfangs-Randbedingung					
Zirkulation Γ (2·t·CL·v) Γ_M	$m^2 s^{-1}$	2.3	403.5	0.97	7.0
V model	$m s^{-1}$	8.0	69.4	7.0	10
CL max	-	1.2	1.53	0.58	1.43
Modell Wirbelstäke $\omega_1 = (\Gamma/t^2)$ ω_M^f	s^{-1}	160	111.6	67.4	112.0
theoret. Wirbelstäke $\omega_2 = (\Gamma/t·d)$ ω_M^f	s^{-1}	1600	798.0	1133	1120

Tabelle 4. Geometrische und dynamische Anfangsrandbedingung für vier verschiedene Tragflügel im Korridor[13] und ergänzende Hinweise[14] im Anhang.

Für die Impulsbilanz an einen „schmutzigen Flügel" zu modellieren bedeutet, dass nahe der eigentlichen und zu untersuchenden bewegten Wirbelquelle (mit Γ_F) ein begleitendendes „Bastard-LCO (mit $\Gamma_B \ll \Gamma_F$) adressiert und an der Störkontur initialisiert wird. Dieses wandelbare Lagrange Kohärente Objekt stellt eine extrem wirkungsarme Wirbelquelle (Γ_B/Γ_F =1ppm) dar und funktioniert als körperfester Indikator, nimmt selbst geringste Induktions-wechselwirkungen wahr und stellt sie dar. Der Experimentator nimmt diese mobile Wirbelfadensonde als ein Geschenk[15].

Der ordnende Korridor. Bastardisierte Strömungsszenarien hatte ich anfangs eigentlich entworfen, um den Einfluss zusätzlicher, singulärer Wirbelquellen auf die Induktionsqualität einer (vormals intakten) fluidmechanischen Wirbelstruktur zu untersuchen[16]. Dann entdeckte ich, wie hübsch diese Simulationsergebnisse aussehen. Sie erinnerten an frühe Wirbelexperimente am Fachgebiet Bionik und Evolutionstechnik der TU Berlin in den 80er Jahren. Tabelle 4. führt gewiss sehr unterschiedliche Wirbelquellen auf: ein Flugmodell, ein Transportflugzeug, die Laborfinne aus den 00er Jahren und ein modernes Hydrofoil. Neben dem Medium besteht der relevante Unterschied in der Wirbelqualität der Flügel und deren Abhängigkeit von Profil-Charakteristiken und Systemgeschwindigkeit $v\infty$.

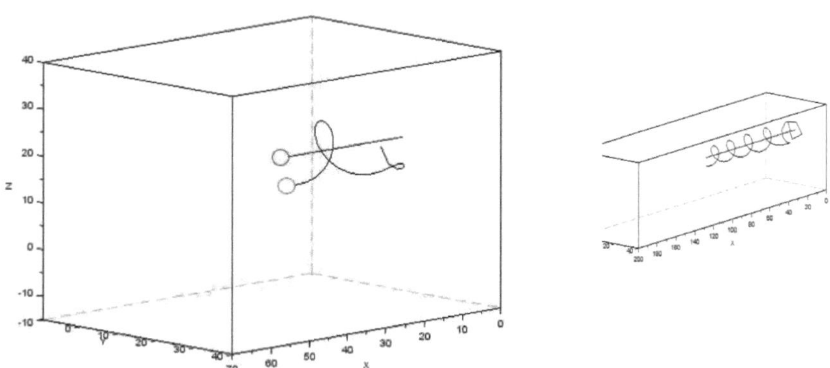

Abb. 7: Wirbelmuster einer Störkontur im Korridor. Rot: Quellpunkt der Primärwirbelströmung. Grün: dynamische (Wirbel-) Fadensonde nahe der Hauptströmung, links im Bild und rechts: die weitere Entwicklung des Randwirbels und der Fadensonde im Korridor.

Gut, bastardisierte Szenarien sind nur ein messtechnischer Trick. Die somit im Korridor beobachtbare mitbewegte Wirbelfadensonde ist definitiv ein fluidmechanischer Wechselwirkungspartner des (Haupt-) Wirbels der Störkontur und genießt den einzigartigen Vorzug, dass hier qualitative Analyse energetisch quasi nichts kostet, der Erhebung inhärent ist, aber wertvolle Aussagen generiert und dokumentiert. Die Wirbelfadensonde ist an beliebigen Orten auf oder nahe der Störkontur positionierbar; und sie ist „Lagrange". Das unterscheidet sie von ihrem realen Vorbild, der analogen Fadensonde, die wir für Windkanaluntersuchungen schätzen gelernt haben; das numerische Pendant ist ein äußerst feinfühlig (programmierter) Indikator für aus dem ruhenden Fluid angefachte Strömungen.

Was also messen wir im Korridor? Im Korridor herrscht zunächst und anfangs das ruhende Fluid. Irgendwann beginnt der Flug der Störkontur durch den Kontrollraum (t=0; x=0). Das Auftrieb erzeugende Tragflügelsystem generiert eine Strömung an diesem Ort im Korridor. Der Korridor ist in diesem Sinne „sensibel" und somit selbst Indikator für in das Feld eingebrachte Induktionswechselwirkungen: der induzierten Geschwindigkeit, des Impulses und auf gewisse Weise der Energieinhalte und Leistungen entlang eines beliebigen Pfades im Feld.

In dieser Kampagne sollen (nur) die ersten 30 Zeitschrittte nach Eintritt des Tragflügels in den Korrodor analytisch betrachtet werden; was aber ausreichende Einblicke gewährt. Abb.7 zeigt den weiteren Verlauf für eine längere Wegstrecke.

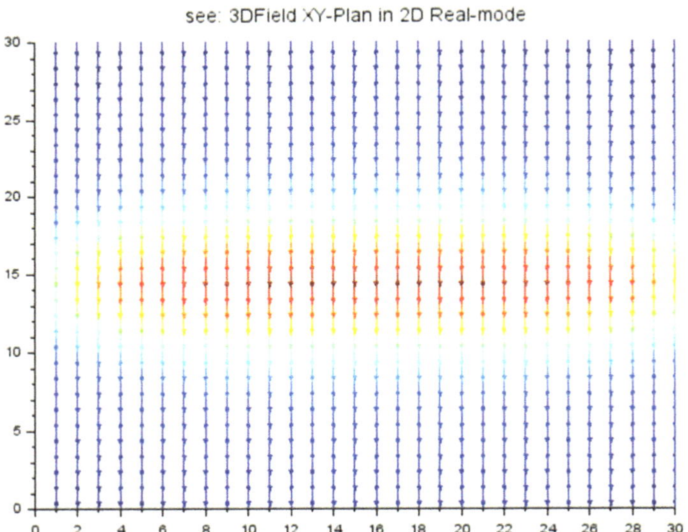

Abb.8: Strömungsbild in der XY-Schnittebene (Z=15 LE).

Betrachten wir zunächst eine Schnittebene YX-Plane im Strömungsraum, Abb.8. Die Störkontur tritt bei x=0 in den Korridor ein und bewegt sich dann auf einer geraden Linie (x, z=15LE, y=15LE) durch den Raum hindurch. Damit startet auch die Systemuhr der Simulation. Der Beobachtungszeitraum der Strömungsuntersuchung endet örtlich bei x=30 Längeneinheiten, LE. Der Flug wird also an dieser Stelle „eingefroren".

Die Induktionswirkung eines einzelnen gestreckten und im Raum ausgelegten Wirbelfadens kennt im Grunde nur eine, die radiale Ausrichtung. Der energiereiche Wirbelfaden der Randkantenumströmung des Tragflügels quirlt das anfangs ruhende Feld (jetzt und zu diesem Zeitpunkt: x>30) auf. Was in dieser Graphik nicht zu sehen ist, ist dass es ein „vorauseilendes Wirbel- und Induktionsgeschehen" existiert. Das Fluid „spürt" die physikalischen Wirkungen der

Störkontur, bevor diese überhaupt erst diesen avisierten Ort im Korridor passiert. Das ist vergleichbar mit „flussaufwärts laufenden" Wellen in Fließgewässern und vor einer Störkontur, vielleicht einem Touristenfuß in einem auslaufenden Priel. Für kleine Geschwindigkeiten ist das Ausbreitungsgebaren der Induktionswirkung an einem Quellpunkt Q der Störkontur in erster Näherung kreisförmig. Jetzt und an diesem wie an jedem anderen Ort im Korridor kommt die Richtungsabhängigkeit der Impulsinduktion des Lagrange Kohärenten Wirbelfadens ins Spiel. Betrachten wir hierzu einen Schnitt senkrecht zur Bewegungsrichtung der Störkontur (x=20, y, z=15) der voll ausgebildeten Strömung.

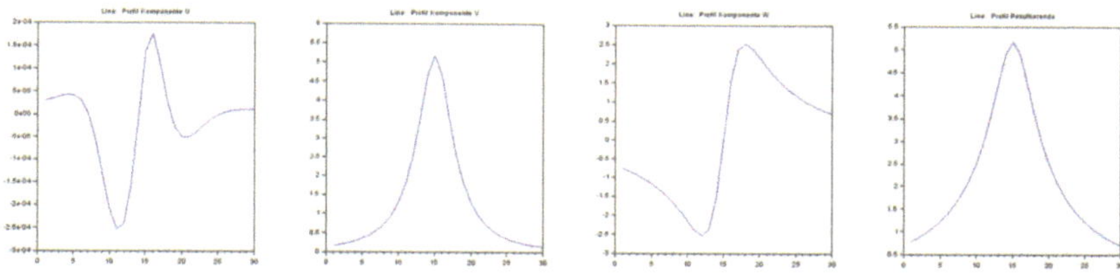

Abb. 9: Die induzierte Geschwindigkeit, Komponente U, Radialkomponenten V und W und Resultierende (von links nach rechts). Schnitt senkrecht zur Bewegungsrichtung der Störkontur (x=20, y, z=15) der voll ausgebildeten Strömung.

Die Komponenten der induzierten Geschwindigkeit, die Komponente U, V und W und Resultierende R (von links nach rechts, Abb.9) zeigen die absolute Dominanz der Radial-komponenten U und V der in das ruhende Feld induzierten Geschwindigkeit; die laterale Induktion entlang und in Fahrtrichtung ist marginal (u<<1).

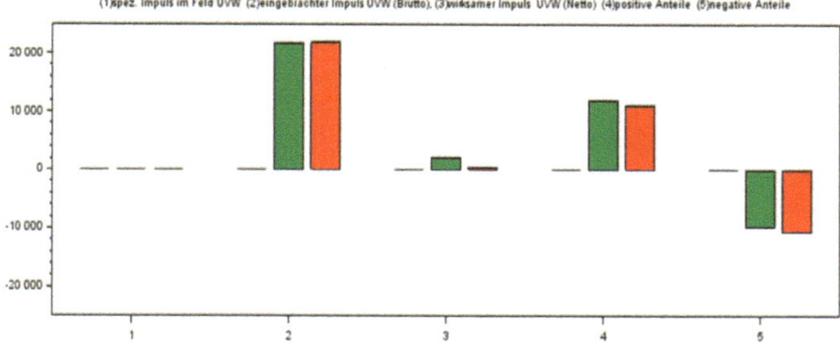

Abb.10: Bilanz der Impulsmächtigkeit und Impulswirkung über das Feld. Komponenten: u=blau, v=grün, w=rot. Position 1: Vorgefundener induzierter Impuls im Feld. Position 2: jemals in das Feld induzierter Impuls. Position 3: Wirksamer induzierter Impuls. Position 3 und 4: richtungsbehaftete Induktion (4=pos; 5=neg).

Die Impulsmächtigkeit, also der jemals durch Lagrange Kohärente Wirbelfadensystem in das Feld induzierte Impuls, ist die kumulierte Größe des spezifischen Impulses i und erscheint in diesem numerischen SetUp in Gestalt der Lagrangen Komponenten u, v und w. Die Bilanz der Impulsmächtigkeit und damit des (jemals eingebrachten) spezifischen Impulses (iu,iv,iw)BRUTTO erfolgt komponentenweise und ist nur zum Zeitpunkt seiner „Entstehung" überhaupt messbar; Die Impulsmächtigkeit ist betragsmäßig ein Maß für den jemals in das Feld induzierten Impuls $[LT^{-1}]$ (siehe: Abb.10; spez. induzierter Impuls, der eingebracht wurde; Position(2); Die Vektorkomponenten sind: blau=u; grün=v; rot=w). Die Impulsmächtigkeit befriedigt die umfassende Impulsforderung des fluidischen Raumes, des mit Lagrange Kohärenten Systemen dotierten Feldes. Wie oben erörtert, handelt es sich um die „einbezahlte Größe" in einer Bilanz. Ganz anders die Impulsmächtigkeit. Sie erscheint in der Bilanz als die im Feld tatsächlich messbar auffindbare Impulswirkung. Komponentenweise geschrieben heißt sie: (iu,iv,iw)NETTO; Die kumulierte Impulswirkung ist an jeder Stelle im Feld messbar und wird ebenfalls und in gleicher Weise wie die Impulsmächtigkeit komponentenweise bilanziert (Abb.10: spezifischer, induzierter Impuls, der messbar ist; Pos(3)). Aus mathematischer Sicht haben hier die oben beschriebenen Kompensationen bereits stattgefunden. Wie oben erwähnt, handelt es sich um die „ausbezahlte Größe" in einer Bilanz. Das Auftrieb generierende Flugsystem entrichtet wie wir sehen, einen hohen Preis für das Fliegen: No free Lunch! Und in einem geraden, flußabwärts (ab-) fließenden Wirbelfaden im Nachlauf des Auftriebsgeschehens „verschwindet" die zum Fliegen aufgebrachte Energie auch noch in das Radialsystem: Vektorkomponenten v und w.

Die Resultierenden des spezifischen Impulses an jeder Stelle im Feld verlieren die Richtungsinformation an diesem Ort und für alle Zeit. In der Bilanz heißen die Resultierenden $iR=(iu^2+iv^2+iw^2)^{-1/2}$. Der Bilanzraum ist radialsymmetrisch und die integrale Bilanz über einen solchen dreidimensionalen, euler'schen Raum ist selbst wieder eine Kumulation, in der integrale Richtungsinformationen verloren gehen. Deshalb war es wie oben beschrieben von Belang, den Integralwert in seinen Komponenten zu bilanzieren und die Richtung der Komponenten zu notieren. (Abb.10: spezifischer, induzierter Impuls. Position(4): positive Anteile werden bilanziert; Pos(5) negative Anteile werden bilanziert).

Die Störkontur durchfliegt ein anfangs ruhendes Fluid und die dynamische Anfangsrandbedingung ist v∞ gleich Null (und ihrer Komponenten u, v, w). Die Position(1) in der Graphik Abb.10. zeigt die von der induzierenden Störkontur im „Feld vorgefundene" lokale Geschwindigkeit in der Dimension des vektoriellen spezifischen Impulses $[LT^{-1}]$.

Die Bilanz ableitbarer, vektorieller Größen entlang eines Analysepfades im fluidischen Raum (30 Stützstellen) ist zu sehen in der matrixartigen Darstellung, Abb.11. In x-Richtung korrelieren die Gitterpunktlinien des euler'schen Raumes mit der Systemzeit der Simulation. Das ist vorteilhaft für unsere Art Bilanz. Aus dem spezifischen Impuls herleitbare Größen sind beispielsweise seine örtlichen Gradienten und das Integral über den Analysepfad. Ist man erst einmal im Besitz der in das Feld induzierten Geschwindigkeit, des spezifischen induzierten Impulses und seiner Gradienten, können wir die funktionalen Abhängigkeiten zu geläufigen Strömungsgrößen evaluieren: zum Impuls selbst, zu den lokalen Schubkräften im Fluid, die umgesetzte Energie und sogar zu der Wirkleistung an einem Ort im Raum bzw. entlang eines Pfades.

Physikal. Größe	funktionaler Zusammenhang		Einheit		Dimension
spezifischer Impuls	(iu,iv,iw)	.. bzw. vi		$m \cdot s^{-1}$	$L \cdot T^{-1}$
Kraft	F(vi ')	m dvi/dt	N,	$kg \cdot m \cdot s^{-2}$	$M \cdot L \cdot T^{-2}$
Energie	F(vi'')	$m\ vi^2$	J,	$kg \cdot m2 \cdot s^{-2}$	$M \cdot L^2 \cdot T^{-2}$
Leistung	F(vi'',t)	$m\ vi^2/t$	W,	$kg \cdot m2 \cdot s^{-3}$	$M \cdot L^2 \cdot T^{-3}$

Im Lehrbetrieb heißt es gerne mal: Leistung ist Arbeit pro Zeit. Und Arbeit ist Kraft mal Weg. Und bei einer Kraft interessiert uns der Geschwindigkeitsgradient: die Beschleunigung einer

Masse. Aber viel zu oft bin ich mir der tatsächlichen Aussagekraft eines bilanzierten Feldes nicht im Klaren. Wir verfügen über weit mehr Informationen, als wir in der Regel auszuwerten in der Lage sind. Aus dieser Sicht ist die Darstellung ableitbarer Größen entlang des determinierten Analysepfades in Abb.11. für den Experimentator so eine Art Sahneschnitte der Impulsbilanz.

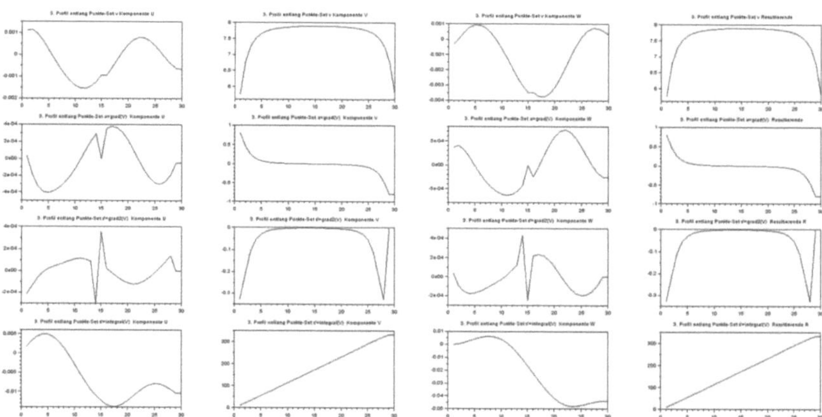

Abb.11. Bilanz ableitbarer, vektorieller Größen entlang eines Analysepfades im fluidischen Raum (30 Stützstellen von: xa=1, ya=15; za=16 bis xe=30, ye=15; ze=16). Zeilen von oben nach unten: Zeile 1: spezifischer Impuls; Zeile 2: Gradient des spezifischen Impulses; Zeile 3: zweite Ableitung des spezifischen Impulses; Zeile 4: Integral über den spezifischen Impuls. Spalten von links nach rechts: Spalte1: Lateralkomponente u; Spalte 2 und 3: Radialkomponenten u und v; Spalte 4: Resultierende.

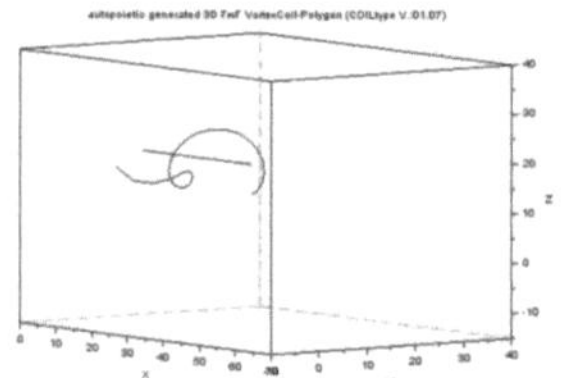

Abb.12: Die Wirbelspur (Q: x,15,15) der Störkontur (nebst Artefakten) aus der numerischen Simulation im Korridor und der Analysepfad für die Gradienten und Integral- und Mittelwerte (Abb. 11) fallen „beinahe" zusammen.

eval: (lxa=1; lya=15; lza=16; lxe=30; lye=15; lze=16;)

Fangen wir vielleicht mit der unteren, der vierten Zeile der Matrix an, in Abb.11 der Simulationsergebnisse entlang eines Analysepfades. Wir sehen: entlang der Flugbahn der Störkontur, die bei t=0 bzw. der Ortskoordinate x=0 beginnt und bis zu der Koordinate x=30 beobachtet wird, „sammelt" das System Impulswirkungen ein, während des Fluges: Das LCO reichert das Feld an. Die Resultierende (rechts im Bild Abb.11, untere Zeile) des Integrals der kumulierten, induzierten Geschwindigkeit im Feld wird dominiert von der Radialkomponente v. Die Lateralkomponente u verbleibt lapidar.

Sehr spannend: die Beschleunigung der Massepunkte über den Flug und entlang des Analysepfades (Zeile 2 der Matrix in Abb.11): der schädliche, in modernen Untersuchungen „SideWash" genannte einer Auftrieb erzeugenden Tragfläche, beschrieben in Felgenhauer (2023)[17].

Den Verlauf der induzierten Geschwindigkeit sehen wir in der oberen Zeile der Matrix, Abb. 11. Die Zeile 3 der Matrix, Abb. 11. korreliert mit der in das Feld induzierten Energie. Die wandelbare Arbeit oder Energie entlang einer Strecke ist immer etwas sonderbar. Ich mag sie nicht! DownWash und der SideWash einer Tragfläche sind heute die prominenten Narrative der Beschreibung fluidmechanischer Systeme, die dynamischen Auftrieb erzeugen. Verfolgen wir also den Vorgang des Fliegens im dreidimensionalen Feld: Beim „Fahren eines Flügels" durch ein stehendes Fluid erfährt dieses fluide Kontinuum eine ganze Reihe komplizierter Deformationen. Die Deformationen stammen aus der Wechselwirklichkeit des bewegten Tragflügels mit seiner Umgebung. „Gefahren" soll heißen: einseitig eingespannt und endlich; wir imaginieren ein Tragflügelprofil, eine Ober- und eine Unterseite und am Flügel-Tip einen Randbogenbereich. Aus der Sicht des Fluides und der Anfangsrandbedingung eines „unberührten" Feldes, ist der Flügel die zitierte „Störkontur!" Unterhalb dieser Störkontur beantwortet das Fluid den für die Verformung des Kontinuums erforderlichen Impulseintrag mit einer Abwärtsbewegung. Diese Abwärtsbewegung des Fluids ist lokal. Sie findet statt in der Umgebung der Störkontur. Und sie ist Lagrange; richtungsabhängig und wird also mit der Kontur mitbewegt. Am Flügel und für die Beobachtung des Phänomens „Abwärtsbewegung des Fluid nach Impulseintrag" hat sich also das Narrativ „Downwash" etabliert. Der Begriff Downwash stammt aus der Zeit, als man begann, das Strömungsfeld um Helikopterpropeller zu untersuchen. Wie die Phrase „Wash" bereits suggeriert, fügt hier eine bewegte Störkontur dem Kontinuum Deformationen zu. Diese führen dazu, dass dem Impulstransfer im Feld eine massive Umverteilung von Materie folgt. Beim Helikopterpropeller ist die Situation intuitiv gut zu verstehen.

Zurück zum Korridor und Zusammenfassung
Am beströmten Tragflügel messen wir oberhalb des Tragflügels eine im Vergleich zur Strömung unterhalb des Tragflügels höhere Geschwindigkeit. Das ist nicht nur anschaulich, es ist auch richtig und es ist sehr praktisch, weil: der Experimentator sitzt mit seinem gesamten Messzeug vor der Szenerie, die er untersuchen möchte. Sind wir Experimentatorinnen erst einmal im Besitz messbarer physikalischer Größen, wie etwa der Geschwindigkeit des Fluids, lässt sich mit der Theorie Prandtls und dem Theorem von Kutta und Joukowski eine ganze Schar nützlicher Größen am Flügel herleiten. Das Programmsystem INDUZ verfügt über eine optionale RunTime-Kontrolle (NarraFeed>0) der wichtigsten Prozessparameter, graphische Ausgaben und über eine alphanumerische Dokumentation (Report) der integralen Analyse- und Bilanzdaten der numerischen Simulation.
Der Eingabedatensatz der Simulation (aufgeführt im Anhang des Aufsatzes) weist auch die Analyseorte der verwendeten Sonden im Korridor aus. Für die Verifizierbarkeit der Modelle und der Analyse ist das essentiell. Kommen wir noch einmal zurück zu der Graphik Abb.11. und zum Gradienten des spezifischen Impulses. Die Verfolgung des Energieflusses ist immer verbunden mit der Aufgabe der Information über die Richtung dieser Größe in einem Feld. Die Form $E=mv^2$ büßt eben die Richtung der vektoriellen Größe von v ein. Erst wenn wir die Geschwindigkeit im Auge behalten (Impuls) und dann so etwas wie die Verformungsarbeit an einem Fluid beobachten, können wir über „DownWash oder SideWash in einem „fluidisch aufgeregtem" Szenario sprechen. Um das Narrativ „Turbulenz" zu vermeiden. Aber genau dieses Problem notleidender fluidischer Parameter kommerzieller Simulationsprodukte im Feld besitzen wir nicht, weil: das Ziel dieser Bemühungen ist das Rechnen in virtuellen Räumen, etwa einer CAVE mit Ansätzen der Feldtheorie. Der Report ist die Datengrundlage der Graphik Abb.10.

Zusammenfassung. Das numerische Korridor-Modell ist ein Instrument zur Simulation und Analyse Strömungsereignissen, die mit Lagrange Kohärenten Systemen LCS) in Zusammenhang stehen. Von besonderem Interesse sind hierbei Wechselwirkungen von Lagrangen Wirbel-fadensystemen, die ein determiniertes Strömungsfeld vorfinden. Hier soll es sich vornehmlich um ein ruhendes Fluid in einem systembegrenzten Raum handeln. Dieser Analyseansatz ist insofern neu, als dass heute das klassische Simulations-SetUp vom Stand der Wissenschaft und Technik die Emulation des bewegten Fluids, wie wir es aus den experimentellen Windkanal-versuchen kennen, zum Gegenstand hat. Das Korridor-Modell kehrt die Strömungsverhältnisse am Windkanal quasi um! Hier, im Korridor, ruht das Fluid und eine wohldefinierte Störkontur durchfliegt den Euler'schen Raum. Es handelt sich um die „idealisierten Analyse-Szenarien" die wir aus der Beobachtung von Strömungsereignissen in der belebten Natur kennen. Und ich füge hinzu: Strömungsverhältnisse, die der Windkanal nur zu simulieren versucht ebenso moderne CFD-Simulationen.

Es existiert ein wunderbares Beispiel im Netz! Eine Piper Powny[18] überfliegt ein arrangiertes Rauchfeld. Das Bild dieses Fluges ist einzigartig, bleibt ein Unikat. (Im Anhang: (Abb.13) **Mit farbigem Rauch sichtbar gemachte Wirbelschleppe hinter einem Flugzeug[19]**). Wir sehen die „verheerende" Wirkung des Wirbelgeschehens an einem singulären Tragflügel. Insofern halte ich den numerischen Korridor für ein nützliches, vielleicht leistungsfähiges virtuelles Instrument der „frühen Phase" der wissenschaftlichen System- und letztendlich der industriellen Produktentwicklung. Produktentwicklung und Biosystemanalyse besitzen auf der abstrakten Ebene der Computersimulation und des Physical Modellings Schnittmengen, die geeignet sind, Verfahren zur Übertragung biologischer Phänomene in Sinn der Bionik zu unterstützen[20], also Simulationen biolgischer und künstlicher, technischer Systeme gleichermaßen.

Mi. Felgenhauer, Berlin.

Michel Felgenhauer ist das Pseudonym des Maschinenbauers Michael Dienst, der sich dazu entschlossen hat, kein Ingenieur mehr zu sein.

Martha Felgenhauer stirbt 1943 als junge Frau in Ziegenhals, Schlesien. Die sie kannten sagen, wir seien wesensverwandt. Gelegentlich also erzählte ich meiner Großmutter Geschichten aus der fröhlichen Wissenschaft. Berlin 2023.

Anhang

Bibliographie, Quellen und weiterführende Literatur

[Abbo-59]   Ira H. Abbott, Albert E. von Doenhoff: Theory of Wing Sections: Including a Summary of Airfoil Data. Dover Publications, New York 1959.

[BaNe-98]   Barthlott, W.; Neinhuis, C.: Lotusblumen und Autolacke – Ultrastruktur pflanzlicher Grenzflächen und biomimetische unverschmutzbare Werkstoffe. Biona Report 12, Schriftenreihe der Wissenschaften und der Literatur, Mainz. Gustav Fischer-Verlag, Stuttgart 1998.

[Bann-02]   Bannasch, Rudolph. Vorbild Natur. In: design report 9/02, S.20ff. Blue. C Verlag Stuttgart: 2002.

[Bapp-99]   Bappert, R. Bionik, Zukunftstechnik lernt von der Natur. SiemensForum München/Berlin und Landesmuseum für Technik und Arbeit in Mannheim (Herausgeber): 1999

[Bat - 12] Batchelor, B.G, & Whelan, P.F. (2012) Intelligent Vision Systems for Industry. Springer, London.

[Bech-93]   Bechert, D.W.: Verminderung des Strömungswiderstandes durch bionische Oberflächen. In: VDI-Technologieanalyse Bionik, S. 74 – 77. VDI-Technologie-zentrum Düsseldorf 1993.

[Bech-97]   Bechert, D.W., Biological Surfaces and their Technological Application. 28th AIAA Fluid Dynamics Conference: 1997
[Die 17-4]   Dienst, Mi. (2017) Superformance of Surfboard Fins. Bionik, Leistungsähnlichkeit und affine Skalierung. GRIN-Verlag GmbH München, ISBN(e-Book): 9783668377141, ISBN(Buch): 9783668377158

[Die15-7]   Dienst, Mi. (2015) Dossier über die Forschung der BIONIC RESEARCH UNIT der Beuth Hochschule für Technik Berlin, GRIN-Verlag GmbH München, ISBN (e-Book): 978-3-668-02183-9, ISBN (Buch) 978-3-668-02184-6.

[Die11-4]   Dienst, Mi.(2011) Methoden in der Bionik. Die Reynoldsbasierte Fluidische Fitness. GRIN-Verlag GmbH München.

[Die09-4]   Dienst, Mi.(2009) Physical Modelling driven Bionics. GRIN-Verlag München.

[DUB-95]   Dubbel, Handbuch des Maschinenbaus, Springer Verlag Berlin, 15.Auflage 1995.

[Eppl-90]   Richard Eppler: Airfoil Design and Data. Springer, Berlin, New York 1990.

[Fel-23] Felgenhauer, Mi. (2023) Fluid-Filament-Wechselwirkung (FFWW). Vortex-SuPerformance. Grin-Verlag München, ISBN: 9783346804464, V1321098

[Fel-20]   Felgenhauer, M. (2020) Die Verteilung von Induktionswirkungen Lagrange Kohärenter Objekte. Zur Topographie und Kondition von Geschwindigkeits-feldern. GRIN Verlag, München. ISBN 9783346142146

[Fel 22-8]   Felgenhauer, Mi. (2022).   Morphismen und Impulswirksamkeit Lagrange Kohärenter Fluids within Fluid Systeme. Zur Induktionswirkung topologisch gleicher Wirbelfilamente. GRIN-Verlag GmbH München, ISBN(e-Book): 9783346595799?? ISBN (Buch): 9783346699688, VNR: v1252942

[Fel 22-6]   Felgenhauer, Mi. (2022). Fluid within Fluid Modellierung. Methoden für das FwF Computing.   GRIN-Verlag   GmbH   München,   ISBN(e-Book):   9783346662620;   ISBN (Buch):9783346662637, VNR: v1234590

[Fel 22-5]   Felgenhauer, Mi. (2022). Modelle und Simulation synthetischer Wirbelspulen. GRIN-Verlag GmbH München, ISBN (eBook): 9783346656353, VNR: v1225465

[Fel 22-4]   Felgenhauer, Mi. (2022). Proposal of "Fluid within Fluid" Models. GRIN-Verlag GmbH München, ISBN(e-Book): 9783346647924. VNR: v1215475

[Fel 22-3]   Felgenhauer, Mi. (2022). Aspekte von „Fluid within Fluid" Modellen. GRIN-Verlag GmbH München, ISBN(e-Book): 9783346648280.

[Fel 22-2]   Felgenhauer, Mi. (2022).   Prospekte der Simulation von „Fluid within Flud Strukturen" in gewöhnlichen Strömungsfeldern. Prospects of „FwF" Computing in ordinary Fluidfields. GRIN-Verlag GmbH München, ISBN(e-Book): 9783346648334. ISBN (Buch): 9783346648341, VNR: v1215394

[Fel 22-1]   Felgenhauer, Mi. (2022). Zur Fluids within Fluid Phänomenologie. Thoughts on a FwF Phenomenology. GRIN-Verlag GmbH München, ISBN(e-Book): 9783346595799 ISBN (Buch): 9783346595805, VNR: v1172544

[Fli-02] Flindt, R. (2002) Biologie in Zahlen Berlin: Spektrum Akademischer Verl.

[Fren-94]   French, M.: Invention and Evolution: design in nature and engineering. Cambridge University Press. Cambridge 1994.

[Fren-99]   French, M.: Conceptual Design for Engineers. Berlin, Heidelberg, New York, London, Paris, Tokio: Springer: 1999

[Gel-10]   Produktinformation, 05 2010, GELITA 69412 Eberbach. www.gelita.com

[Guen-98]   Günther, B., Morgado, E. (1998) Dimensional analysis and allometric equations concerning Cope's rule.RevistaChilena de Historia Natural 71: 1989

[Gör-75]   Görtler, H. Diemensionsanalyse. Berlin Springer 1975

[Gorr-17]   Edgar Gorrell, S. Martin: Aerofoils and Aerofoil Structural Combinations. In: NACA Technical Report. Nr. 18, 1917.

[Guen-66]   Günther, B., Leon, B. (1966) Theorie of biological Similarities, nondimensional Parameters and invariant Numbers. Bulletin ofMathematicalBiophysics Volume 28, 1966.

[Gutm-89]   Gutmann, W.: Die Evolution hydraulischer Konstruktionen. Verlag W. Kramer: Frankfurt am Main, 1989.

[Hal-10]   G. Haller. (2010) A variational theory of hyperbolic Lagrangian Coherent Structures. Physica D: Nonlinear Phenomena,240(7):574–598,2010.

[Hal-00]   G. Haller, G.Yuan Lagrangian coherent structures and mixing intwo-dimensional turbulence, Division of Applied Mathematics, Lefschetz Center for Dynamical Systems, Brown University, Providence, RI 02912, USA Received 11 February 2000;

[Hal-01]   Haller, G. (2001). Distinguished material surfaces and coherent structures in three-dimensional fluid flows. Physica D: Nonlinear Phenomena, 149(4),

[Hal - 05] Haller, G. (2005) An objective definition of a vortex J. Fluid Mech. 525, 1-26.

[Hal-11]   Haller, G. (2011). A variational theory of hyperbolic Lagrangian coherent structures. Physica D: Nonlinear Phenomena, 240(7),
Haller, G. (2015). Lagrangian coherent structures. Annual Review of Fluid Mechanics,

[Hal-14]   Farazmand, M., Blazevski, D., & Haller, G. (2014). Shearless transport barriers in unsteady two-dimensional flows and maps. Physica D: Nonlinear Phenomena, ESSOAr

[Hal - 13] Haller, G., & Beron-Vera, F. J. (2013) Coherent Lagrangian vortices: The black holes of turbulence. J. Fluid Mech., 731, R4, 2013.

[Hal – 15-1] Haller, G. (2015) Lagrangian Coherent Structures. Annual Rev. Fluid. Mech, 47, 137-162.

[Hal – 15-2] Haller, G. (2015) Dynamically consistent rotation and stretch tensors for finite continuum deformation. submitted.

[Hal-16]   Haller, G., Hadjighasem, A., Farazmand, M., & Huhn, F. (2016). Defining coherent vortices objectively from the vorticity. Journal of Fluid Mechanics, 795

[Hel - 1858] Helmholtz, H. (1858) über Integrale der hydrodynamischen Gleichungen, welche den Wirbelbewegungen entsprechen. J. Reine und Angew. Math. 55, 25-55.

[Hüt-07]   Hütte, 2007, 33. Auflage, Springer Verlag. S.E147

[Hus - 86] Hussain, A. K. M. F. (1986) Coherent structures and turbulence. J. Fluid Mech. 173, 303

[Hun - 88] Hunt, J. C. R., Wray, A. A. & Moin, P. (1988) Eddies, stream, and convergence zones in turbulent flows. Center for Turbulence Research Report CTR-S88, pp. 193{208

[Hux-32]   Huxley, J.S. (1932) Problems of relative Growth. London: Methuen.

[Kar-35]   Karman von,T. Burgess J.M. (1935) General aerodynamic theory: perfect fluids, In Aerodynamic Theory vol. II (cd. W. F. Durand), p. 308. Leipzig: Springer Verlag.

[Katz-01]   Joseph Katz, Allen Plotkin (2001) Low-Speed Aerodynamics (Cambridge Aerospace Series) Cambridge University Press; 2 edition (February 5, 2001)

[Kab-89] Kaschub, M. (1989) Beitrag zur aerodynamischen Leistungsregelung des Wirbelspulen-Windenergie-Konzentrators. Fortschrittsberichte VDI Reihe 7 Nr. 163, VDI-Verlag Düsseldorf.

[Kra-86] Krasny, R. (1986) Desingularization of Periodic Vortex Sheet Roll-up. Courant Instirute oJ' Mathematical Sciences, New York Unioersity, 251Mercer Street, Nen, York, New York 10012, received November 15, 1981; revised July 25, 1985

[Kat-19]   Katsanoulis, S., Farazmand, M., Serra, M., & Haller, G. (2019). Vortex boundaries as barriers to diffusive vorticity transport in two-dimensional flows. arXiv preprint arXiv:1910.07355 .

[Ker-17]   Kern, M., Hewson, T., Sadlo, F., Westermann, R., & Rautenhaus, M. (2017). Robust detection and visualization of jet-stream core lines in atmospheric flow. IEEE transactions on visualization and computer graphics, 24(1), 893{902.

[Liao-03]   Liao, J.C.; Beal, D.; Lauder, G.; Triantayllou, M. Fish Exploting Vortices Decrease Muscle Activty.In: Science 2003, S. 1566-1569. AAAS. 2003.

[Lech-14] Lecheler, S. (2014) Numerische Strömungsberechnung Springer Verlag Berlin Heidelberg. ISBN 978-3-658-05201-0

[Lun-82]T. S. Lundgren, T.S. (1982) Strained spiral vortex model for turbulent fine structure, The Physics of Fluids 25, 2193 (1982); https://doi.org/10.1063/1.863957

[Matt-97]   Mattheck, C.: Design in der Natur. RombachVerlag. Freiburg 1997.

[McW - 84] McWilliams, J. C., (1984) The emergence of isolated coherent vortices in turbulent flow. Fluid Mech. 146, 21-43.

[McW - 84] McWilliams, J. C., 1984 The emergence of isolated coherent vortices in turbulent flow. Fluid Mech. 146, 21-43

[Mial-05]   B. Mialon, M. Hepperle: "Flying Wing Aerodynamics Studies at ONERA and DLR", CEAS/KATnet Conference on Key Aerodynamic Technologies, 20.-22. Juni 2005, Bremen.

[Mof-84] Moffatt, K.H. (1984) Simple topological aspects of turbulent vorticity dynamics In: Turbulence and Chaotic Phenomena in Fluids, ed. T. Tatsumi (Elsevier) 223-230.

[Nac-01]   Nachtigall, W. (2001) Biomechanik. Braunschweig: Vieweg Verlag.

[Nach-98]   Nachtigall, W. : Bionik – Grundlagen und Beispiele für Ingenieure und Naturwissenschaftler. Springer-Verlag, Berlin-Heidelberg-New York 1998.

[Nach-00]   Nachtigall, Werner; Blüchel, Kurt. Das große Buch der Bionik. Stuttgart: Deutsche Verlags Anstalt: 2000.

[Oert-11]   Oerteljr., H., Böhle, M., Reviol, Th. (2011) Strömungsmechanik, Grundlagen.Springer Verlag Berlin Heidelberg. ISBN 978-3-8348-8110-6

[PaBe-93]   Pahl. G.; Beitz, W.: Konstruktionslehre, 3.Auflage. Berlin- Heidelberg-New York-London-Paris-Tokio: Springer 1993

[Pei-89] Peintinger, G. (1989) Theoretische und experimentelle Untersuchun-gen an einem Segelflügel-Windkonzentrator. Dissertation FB10 Technische Universität Berlin 1989.

[Rech-94]   Rechenberg, Ingo. Evolutionsstrategie'94. Frommann-Holzoog Verlag. Stuttgart: 1994.

[Scha-13]   Schade, H. (2013) Strömungslehre. De Gruyter Verlag. ISBN-13: 978-3110292213

[Schü-02]   Schütt, P., Schuck, H-J., Stimm, B. (2002) Lexikon der Baum- und Straucharten. Nikol, Hamburg, ISBN 3-933203-53-8

[Sun-16]   Sun,P.N., Colagrossi, A. Marrone, S. , Zhang, A.M, (2016) Detection of Lagrangian Coherent Structures in the SPH framework, College of Shipbuilding Engineering, Harbin Engineering University, Harbin 150001, China; CNR-INSEAN, Marine Technology Research Institute, Rome, Italy; Ecole Centrale Nantes, LHEEA Lab. (UMR CNRS), Nantes, France.

[Tham-08]   Siekmann, H.E., Thamsen, P. U. (2008) Strömungslehre Grundlagen, Springer Verlag Berlin Heidelberg. ISBN 978-3-540-73727-8

[Tho-59]   Thompson, D'Arcy, W. (1959) On Growth and Form. London: Cambridge University Press. (Neuauflage der Originalschrift 1907)

[Tho-92]   Thompson, D W., (1992). On Growth and Form. Dover reprint of 1942 2nd ed. (1st ed., 1917). ISBN 0-486-67135-6

[Tria-95]   Triantafyllou, M.: Effizienter Flossenantrieb für Schwimmroboter. In: Spektrum der Wissenschaft 08-1995, S. 66–73. Spektrum der Wissenschaft- Verlagsgesellschaft mbH, Heidelberg 1995.

[Tria-87]   Triantafyllou M., Kupfer K., Bers A. (1987) Absolute instabilities and self-sustained oscillations in the wakes of circular cylinders. Physical Review Letters 59, 1914–1917. ADSCrossRefGoogle Scholar

[Tria-91]   Triantafyllou M., Triantafyllou G. S., Gopalskrishnan R. (1991) Wake Mechanics for Thrust Generation in Oscillating Foils, Physics of Fluids A, 3 (12), pp. 2835–2837.ADSCrossRefGoogle Scholar

[Tria-92]   Triantafyllou M., Triantafyllou G. S., Grosenbaugh M. A. (1992) Optimal Thrust Development in Oscillating Foils with Application to Fish Propulsion, Journal of Fluids and Structures (Accepted for Publication)Google Scholar

[Vos-15-2]   M. Voß, H.-D. Kleinschrodt, Mi. Dienst: "Experimentelle und numerische Untersuchung der Fluid-Struktur-Interaktion flexibler Tragflügelprofile", Resarch Day 2015 - Stadt der Zukunft Tagungsband - 21.04.2015, Mensch und Buch Verlag Berlin, S. 180- 184, Hrsg.: M. Gross, S. von Klinski, Beuth Hochschule für Technik Berlin, September 2015, ISBN:978-3-86387-595-4.

[Vos-15-1]   M. Voss, P.U. Thamsen, H.-D. Kleinschrodt, Mi. Dienst (2015): "Experimeltal and numerical investigation on fluid-structure-interaction of auto-adaptive flexible foils", Conference on Modelling Fluid Flow (CMFF'15), Budapest, Ungarn, 1.-4. September 2015, ISBN (Buch): 978-963-313-190-9.

[Vos-15-2]   M. Voss, (2015) Experimentelle und numerische Untersuchung flexibler Tragflügelprofile. Dissertation, Technische Universität Berlin 2015.

[Zie - 72]   Zierep, J. (1972) Ähnlichkeitsgesetze und Modellregeln der Strömungslehre.

Anhang B, Report: Analyse des Strömungsfeldes unter Induktionswirkung

```
###############################################################
### Report: Analyse des Strömungsfeldes unter Induktionswirkung  ###
###                                                            ###
###    Integral- Bilanz- und Mittelwerte                       ###
###    KampagneTyp: CORRIDOR 001022                            ###
###                                                            ###
###############################################################
### bionic research unit berlin                               ###
### Speicherort C:\Users\Micha\Desktop\LCO_Data\anyAnalyseField0.txt
###############################################################
#####   Modell-Raum und Analyse-Raum                 ##########
fluidroom dimension          X:   30
fluidroom dimension          Y:   30
fluidroom dimension          Z:   30
analyse room dim.            aX:   30
analyse room dim.            aY:   30
analyse room dim.            aZ:   30
########## in Dimensionen M L T   ##################################
#####   dynamische Randbedingungen                   #########
dyn. RB: Vue-x:           [L/T]   0
dyn. RB: Vue-y:           [L/T]   0
dyn. RB: Vue-z:           [L/T]   0
dyn. RB: Zirkulation G:   [L2/T]  0
###############################################################
##### V-Komponenten im Feld                        ##########
##### energetische Bilanz im Feld ohne Induktionswirkung ##########
###############################################################
  cumU(xyz)              [L/T]   0
  cumV(xyz)              [L/T]   0
  cumW(xyz)              [L/T]   0
  cumR(xyz)              [L/T]   0
spezifischer Impuls   10E3   [L/T]   0
spezifische Energie   10E6[L2T-2]   0
spezifische Leistung  10E9[L2T-3]   0
###############################################################
## InduktionsWirkung im Feld                       #########
## V-Komponenten im Feld (BRUTTO)                  #########
## jemals eingekoppelte Induktionswirkung (kumuliert)     #########
###############################################################
  cum U(xyz)             [L/T]   7.4738914
  cum V(xyz)             [L/T]   21823.097
  cum W(xyz)             [L/T]   21869.65
  cum R(xyz)             [L/T]   30895.456
spezifischer Impuls   10E3   [L/T]   30.895456
spezifische Energie   10E6[L2T-2]   954.52921
spezifische Leistung  10E9[L2T-3]   29490.615
###############################################################
## InduktionsWirkung im Feld                       #######
## V-Komponenten im Feld (NETTO)                   #######
## scheinbar eingekoppelte Induktionswirkung (kumuliert)  #######
###############################################################
  cum U(xyz)             [L/T]   -0.6826488
  cum V(xyz)             [L/T]   2212.475
  cum W(xyz)             [L/T]   435.04173
  cum R(xyz)             [L/T]   2254.8409
spezifischer Impuls   10E3   [L/T]   2.2548409
spezifische Energie   10E6[L2T-2]   5.0843074
spezifische Leistung  10E9[L2T-3]   11.464304
########## eof ################################################
```

Anhang C: JobCard aus dem Programmcode des numerischen Modells

```
function test=ANALYSEimCORRIDOR_movingFLUEGELundFITTICH013;     // gute DEMO(06062ß23) )zur Weiterentwicklung!! 06062023: die
Physik ist jetzt RICHTIG !!!
global DONE BUSY PROCESS                  //
test = BUSY;  pi = 3.14159; timer(); tic(); disp("BUSY: BerechnugsZeit(s)/ CPU-time(s): ",timer());
 //GeneralPath = 'C:\Users\cip-labor\Desktop\MID\C407Forschung\DATAFiles'; // PC407
 //GeneralPath = 'C:\Users\midmid\Desktop\DataFiles'; // PC410
 GeneralPath = 'C:\Users\Micha\Desktop\LCO_Data'; // PCHome
 NarraFeed = 0;   ShoFeed = 0; gfreq =1; count = 0; gama = (-1)*10.0;
//################   Startpunkte berechnen CIRCE  ####################################################
     xc = 1; yc = 15; zc= 15; Ra = 5; teile = 2;  Narra = 10;
     Nr = 1; X=0.0; X=X+xc; Y=0;   Y=Y+yc;  Z=3; Z=Z+zc;        P1= isaPOLYgonPOINT(Narra,X,Y,Z);
     Nr = 2; X=0.0; X=X+xc; Y=0;   Y=Y+yc;  Z=-3; Z=Z+zc;       P2= isaPOLYgonPOINT(Narra,X,Y,Z); PE=
isaPOLYgonPOINT(Narra,30,yc,zc);
// ### ein Punkt init ################
     [Poly1]=einPOLYgoneINIT(ShoFeed,NarraFeed,P1,gama); // Test: Polygon OBEN  = Flügel
     [Poly2]=einPOLYgoneINIT(ShoFeed,NarraFeed,P2,gama); // Test: Polygon VORN  = Fitttich
//################   POLY-Kondition        ####################################################
     GamaC_1 = -100.0;   Poly1 = isGAMMA_POLYgon(GamaC_1,Poly1); if NarraFeed>0 then disp("Polygon1 X,Y,Z : ",Poly1); end;
     GamaC_2 = -0.010;   Poly2 = isGAMMA_POLYgon(GamaC_2,Poly2); if NarraFeed>0 then disp("Polygon2 X,Y,Z : ",Poly2); end;
//################   2 Polygone Impuls itereiren  ####################################
for k=1:30      // ############## ab hier entwickelt 16052023FF
   // dx=1.0; dy=0.0; dz=0.0; gama= GamaC_1; NarraFeed = 0;  ShoFeed =1;
   dx=1.0; dy=0.0; dz=0.0; gama= GamaC_1; NarraFeed = 0;  ShoFeed =1;
    Poly1=POLYgoneADD(ShoFeed,NarraFeed,dx,dy,dz,Poly1,GamaC_1);  // Test OK15052023
    Poly2=POLYgoneADD(ShoFeed,NarraFeed,dx,dy,dz,Poly2,GamaC_2);  // Test OK15052023
    // ####################  Impuls induzieren  ########################################
    Poly2=POLYgonInduziertPOLYgon(NarraFeed,Poly1,Poly2);      // Poly1 induziert Poly2 15052023
    Poly1=POLYgonInduziertPOLYgon(NarraFeed,Poly2,Poly1);      // Poly2 induziert Poly1 15052023
//     // ########## SHOW  ###################################
   ShoFeed = 2;
   if ShoFeed >0 then      //#### Graphik optional
      count=count+1;
      if count==gfreq, count=0;  clf(ShoFeed);// neu
         scf(ShoFeed);
         polygonSHOWs(NarraFeed,ShoFeed,Poly1);
         polygonSHOWs(NarraFeed,ShoFeed,Poly2);
         // #################  speichern #######
         // item=string(k); xs2jpg(gcf(),GeneralPath+ \Bastarde\aBastard'+item+'.jpg',1); // best quality
         item=string(k); xs2png(gcf(),GeneralPath+\Bastarde\aBastard'+item+'.png'); // best quality
      end;
   end;  // ## ShofeedLoop
 end; // ## IterationLoop
 putpath =GeneralPath+'\Polygon_1.txt';  polygonSAVE(NarraFeed,Poly1,putpath); // Fu in properCode
 putpath =GeneralPath+'\Polygon_2.txt';  polygonSAVE(NarraFeed,Poly2,putpath); // Fu in properCode
// ###############################################################################################
// ########################### Analyse und Bilanz im Corridor   ##################################
// ###########################  das ANALYSEFeld   ###############################################
   narraFeed =0;
   x11= 1;    x12 = 30.0;     xdim = 30; vxue  = 0.0;
   y11= 1;    y12 = 30.0;     ydim = 30; vyue  = 0.0;
   z11= 1;    z12 = 30.0;     zdim = 30; vzue  = 0.0;   gama = 0;
   Zpos = 15;
   Field1 = init3DAnalyseField(NarraFeed,x11,x12,y11,y12,z11,z12,xdim,ydim,zdim,vxue,vyue,vzue, gama);
// ###########################  Induktion im Corridor   ##############################################
   Field1 = induzAnalyseFELD(ShoFeed,NarraFeed,Field1,Poly1); shoFeed = 3; Shoa2Dplan_XY(shoFeed,NarraFeed,"see: 3DField",Zpos,Field1);
   Field1 = induzAnalyseFELD(ShoFeed,NarraFeed,Field1,Poly2); shoFeed = 4; Shoa2Dplan_XY(shoFeed,NarraFeed,"see: 3DField",Zpos,Field1);
// ###########################  Bilanzen im Corridor    ##############################################
   //bilanz = EvalAnalyseField3D(ShoFeed,NarraFeed,GeneralPath,Field1,vxue,vyue,vzue,gama); // Im Corridor; Version 22052023
   ShoFeed= 5; bilanz = BilanzField3D(ShoFeed,NarraFeed,GeneralPath,Field1,vxue,vyue,vzue,gama,0); // Im Corridor; Version 24052023
//// ###############################################################################################
//// ##########################  basical Graphics   ###############################################
     Zpos = 15; narraCall=0; shoFeed = 10;
   Shoa2Dplan_XY(shoFeed,NarraFeed,"see: 3DField",Zpos,Field1); // neu aber NOK

     lxa=1; lya=15; lza=16;  lxe=30; lye=15; lze=16; shoFeed = 11;
   Po2 = ShoALineIna3DvectorField_PlusPlus(shoFeed,narraCall,'3. Profil entlang Punkte-Set',Field1,lxa,lya,lza,lxe,lye,lze); // neu aber NO

     Xpos= 20; Zpos=15; narraCall=0; shoFRAME=12;
   Shoa1DlineOfa3DvectorField_X(shoFRAME,narraCall,'Line: ',Xpos,Zpos,Field1);


test= DONE; disp("DONE: BerechnugsZeit(s): ",toc());
endfunction;
```

Anhang D: Bildanhang und Referenzen

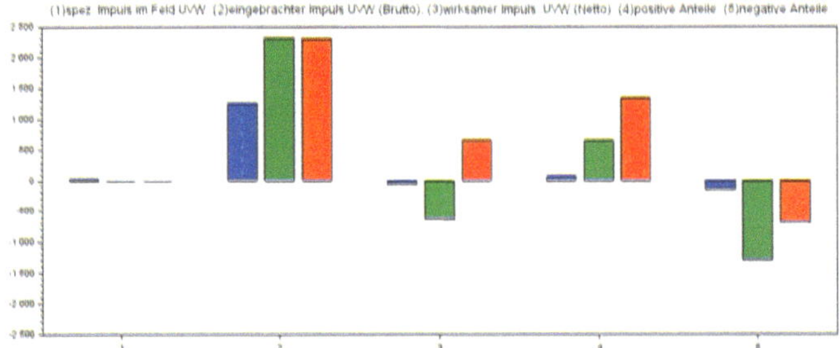

Abb.1: spezifischer, induzierter Impuls [LT^{-1}], bilanziert in einem dreidimensionalen fluidischen Feld. (Eigene Graphik und Darstellung, Mi. Felgenhauer, Berlin 2023; frei von Rechten Dritter).

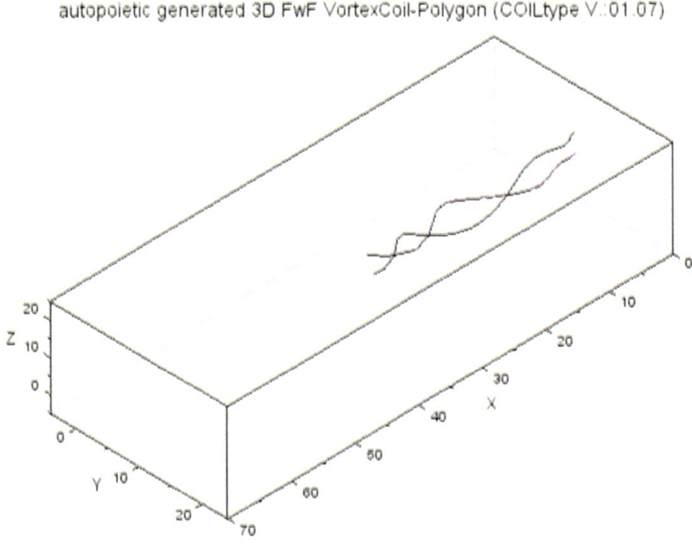

Abb. 2: Wirbelspule: ein zweigängiges spiraliges Wirbelfadensystem im Analysekorridor. (Eigene Graphik und Darstellung, Mi. Felgenhauer, Berlin 2023; frei von Rechten Dritter).

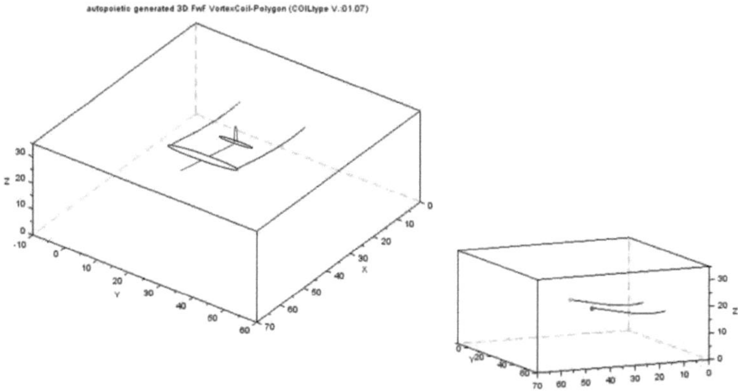

Abb.3: berechnete Wirbelspur der Haupt-Tragfläche eines Modellflugzeugs (Prinzip-Skizze). Ausschweifung (rechts im Bild; Stb: grün, BB:rot).
(Eigene Graphik und Darstellung, Mi. Felgenhauer, Berlin 2023; frei von Rechten Dritter).

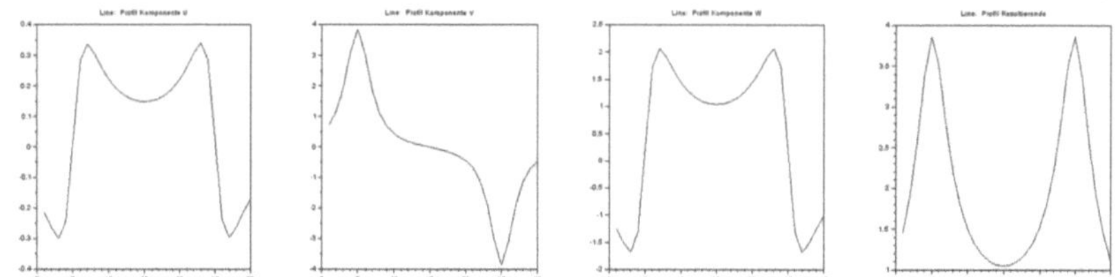

Abb.4: Berechnete induzierte Geschwindigkeit im Nachlauf einer Modelltragfläche. Komponente U, Radialkomponenten V, W und Resultierende (von links nach rechts).
(Eigene Graphik und Darstellung, Mi. Felgenhauer, Berlin 2023; frei von Rechten Dritter).

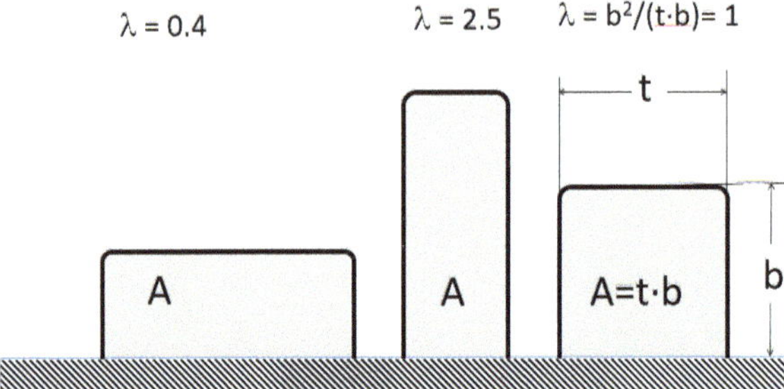

Abb.5: Modellannahmen, λ: Streckung; Aspect Ratio (für rechteckige Tragflächen).
(Eigene Graphik und Darstellung, Mi. Felgenhauer, Berlin 2023; frei von Rechten Dritter).

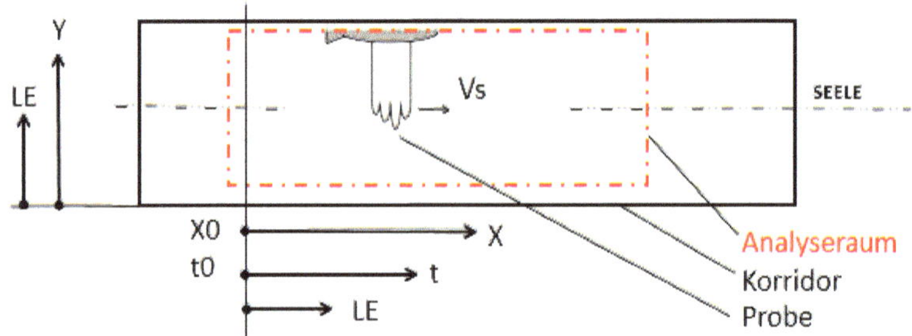

Abb.6: Probe und Analyseraum im Korridor
(Eigene Graphik und Darstellung, Mi. Felgenhauer, Berlin 2023; frei von Rechten Dritter).

Tabelle 3: Auftriebsbeiwert und Widerstandsbeiwert der Profilkontur NACA 2310 als Funktion des Anstellwinkels. Hervorgehoben ist der Stallwinkel mit einem maximalen Auftriebsbeiwert von CL = 1.34.

α	CL	Cw
[°]	[-]	[-]
-12,0	-0,849	0,02341
-10,0	-0,810	0,01203
-8,0	-0,652	0,01044
-6,0	-0,452	0,00953
-4,0	-0,227	0,00901
-2,0	0,009	0,00876
-0,0	0,247	0,00831
2,0	0,485	0,00814
4,0	0,718	0,00883
6,0	0,941	0,01048
8,0	1,134	0,01213
10,0	1,274	0,01172
12,0	1,343	0,01737
14,0	1,325	0,02311
16,0	1,216	0,04174
18,0	1,047	0,08525
20,0	0,869	0,14032

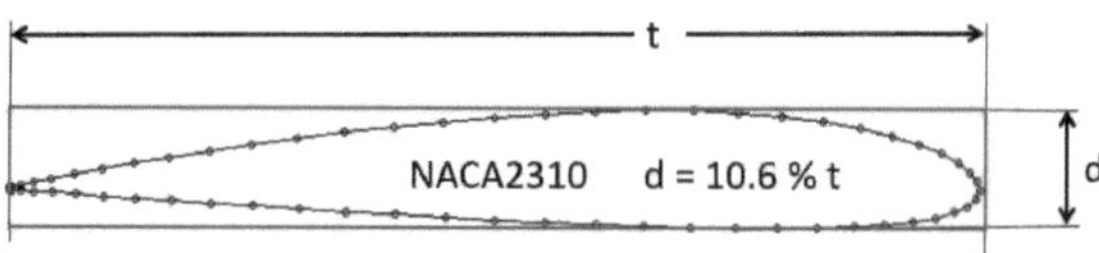

Abb. 7: Profilkontur NACA 2310
Profiltiefe   t   [m]
Profildicke   d   [m]

Das Programmsystem Javafoil ist ein gemeinfreies Berechnungsprogramm für Tragflügelprofile nach der Potentialtheorie von Martin Hepperle[21].

(Eigene Graphik und Darstellung, Mi. Felgenhauer, Berlin 2023; frei von Rechten Dritter).

Berechnete Daten: JavaFoil is a relatively simple program, which uses several traditional methods for airfoil analysis. The following two methods build the backbone of the program: The potential flow analysis is done with a higher order panel method (linear varying vorticity distribution). Taking a set of airfoil coordinates, it calculates the local, inviscid flow velocity along the surface of the airfoil for any desired angle of attack. The boundary layer analysis module steps along the upper and the lower surfaces of the airfoil, starting at the stagnation point. It solves a set of differential equations to find the various boundary layer parameters. It is a so called integral method. The equations and criteria for transition and separation are based on the procedures described by Eppler.
https://www.mh-aerotools.de/airfoils/javafoil.htm

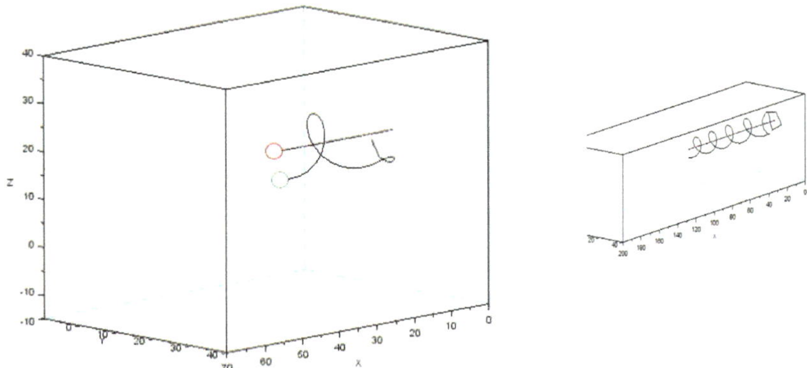

Abb. 7: Wirbelmuster einer Störkontur im Korridor. Rot: Quellpunkt der Primärwirbelströmung. Grün: dynamische (Wirbel-) Fadensonde nahe der Hauptströmung, links im Bild und rechts: die weitere Entwicklung des Randwirbels und der Fadensonde im Korridor.
(Eigene Graphik und Darstellung, Mi. Felgenhauer, Berlin 2023; frei von Rechten Dritter).

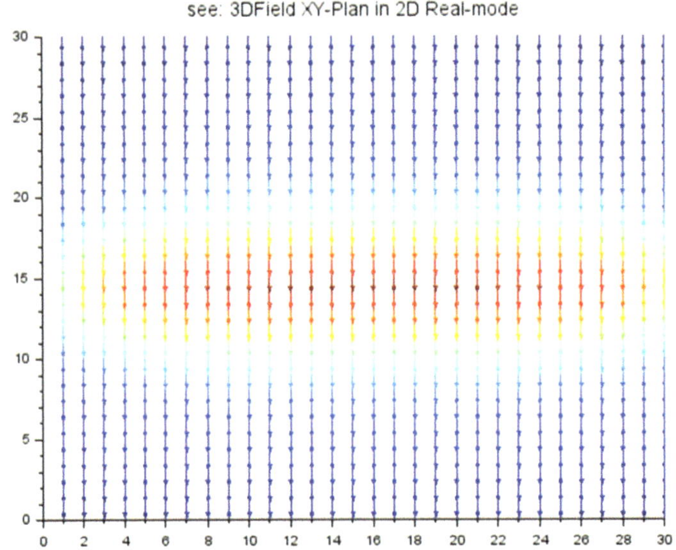

Abb.8: Strömungsbild in der XY-Schnittebene (Z=15 LE).
(Eigene Graphik und Darstellung, Mi. Felgenhauer, Berlin 2023; frei von Rechten Dritter).

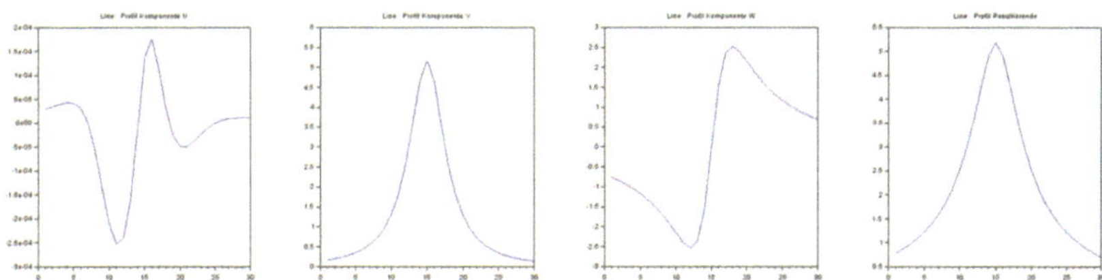

Abb. 9: Die induzierte Geschwindigkeit, Komponente U, Radialkomponenten V und W und Resultierende (von links nach rechts). Schnitt senkrecht zur Bewegungsrichtung der Störkontur (x=20, y, z=15) der voll ausgebildeten Strömung.
(Eigene Graphik und Darstellung, Mi. Felgenhauer, Berlin 2023; frei von Rechten Dritter).

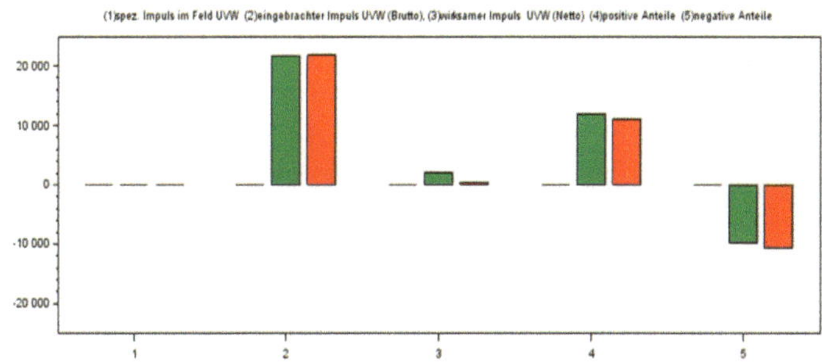

Abb.10: Bilanz der Impulsmächtigkeit und Impulswirkung über das Feld. Komponenten: u=blau, v=grün, w=rot. Position 1: Vorgefundener induzierter Impuls im Feld. Position 2: jemals in das Feld induzierter Impuls. Position 3: Wirksamer induzierter Impuls. Position 3 und 4: richtungsbehaftete Induktion (4=pos; 5=neg).
(Eigene Graphik und Darstellung, Mi. Felgenhauer, Berlin 2023; frei von Rechten Dritter).

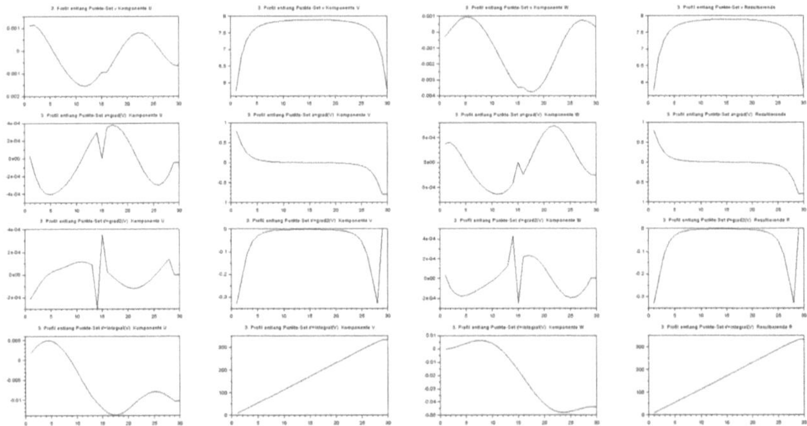

Abb.11. Bilanz ableitbarer, vektorieller Größen entlang eines Analysepfades im fluidischen Raum (30 Stützstellen von: xa=1, ya=15; za=16 bis xe=30, ye=15; ze=16). Zeilen von oben nach unten: Zeile 1: spezifischer Impuls; Zeile 2: Gradient des spezifischen Impulses; Zeile 3: zweite Ableitung des spezifischen Impulses; Zeile 4: Integral über den spezifischen Impuls. Spalten von links nach rechts: Spalte1: Lateralkomponente u; Spalte 2 und 3: Radialkomponenten u und v; Spalte 4: Resultierende.
(Eigene Graphik und Darstellung, Mi. Felgenhauer, Berlin 2023; frei von Rechten Dritter).

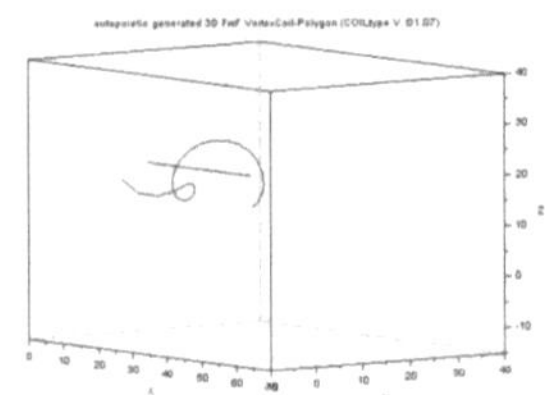

Abb.12: Die Wirbelspur (Q: x,15,15) der Störkontur (nebst Artefakten) aus der numerischen Simulation im Korridor und der Analysepfad für die Gradienten und Integral- und Mittelwerte (Abb. 11) fallen „beinahe" zusammen.
eval: (lxa=1; lya=15; lza=16; lxe=30; lye=15; lze=16;)

(Eigene Graphik und Darstellung, Mi. Felgenhauer, Berlin 2023; frei von Rechten Dritter).

Abb.13: Mit farbigem Rauch sichtbar gemachte Wirbelschleppe hinter einem Flugzeug. (Gemeinfreie Darstellung).

NASA Langley Research Center (NASA-LaRC), Edited by Fir0002 - Diese Mediendatei wurde vom Langley Research Center der US-amerikanischen National Aeronautics and Space Administration (NASA) unter der Datei-ID EL-1996-00130 UND der Alternativen Datei-ID L90-5919 kategorisiert.
Wake Vortex Study at Wallops Island The air flow from the wing of this agricultural plane is made visible by a technique that uses colored smoke rising from the ground. The swirl at the wingtip traces the aircraft's wake vortex, which exerts a powerful influence on the flow field behind the plane. Because of wake vortex, the Federal Aviation Administration (FAA) requires aircraft to maintain set distances behind each other when they land. A joint NASA-FAA program aimed at boosting airport capacity, however, is aimed at determining conditions under which planes may fly closer together. NASA researchers are studying wake vortex with a variety of tools, from supercomputers, to wind tunnels, to actual flight tests in research aircraft. Their goal is to fully understand the phenomenon, then use that knowledge to create an automated system that could predict changing wake vortex conditions at airports. Pilots already know, for example, that they have to worry less about wake vortex in rough weather because windy conditions cause them to dissipate more rapidly.
https://de.wikipedia.org/wiki/Wirbelschleppe#Licensing_information

Endnoten

---

[1]Das Simulationsprogramm INDUZ des Autors, siehe auch: Felgenhauer, Mi. (2022). Fluid within Fluid Modellierung. GRIN-Verlag GmbH München, ISBN (Buch):9783346662637

[2] Physikalische Größen, insbesondere Zustandsgrößen, werden unterschieden in intensive Größen und extensive Größen des Systems, je nachdem, ob sie von der Größe des Systems abhängen. Intensive Größen sind Temperatur und Druck, und stoffeigene intensive Größen, wie alle spezifischen Größen reiner Stoffe und Konzentrationsangaben von homogenen Gemischen. Eine extensive Größe hingegen hängt von der Größe des betrachteten Systems ab. Beispiele hierfür sind Masse, Stoffmenge, Volumen, Entropie sowie die thermodynamischen Potentiale (innere Energie, freie Energie, Enthalpie und freie Enthalpie).

[3] Zu einer Zeit vor der Verbrennung von Karl Mays Büchern konnte sehr einfach erklärt werden, dass ein aus einem fahrenden Zug abgeschossener Indianerpfeil den Bahnwärter auf seiner Bank vor dem Bahnwärterhäuschen mit einer bestimmten aber a priori nicht gleichen Wahrscheinlichkeit treffen mag, abhängig von der Fahrtrichtung des Zuges. Für den herannahenden Zug treffen die Indianerpfeile mit einer hohen Wahrscheinlichkeit. Bei einem sich vom Bahnwärter entfernenden Zug kann es passieren, dass der Pfeil sich vom Ziel wegbewegt. Ganz anders der in einem fahrenden, auf eine Torwand in einem ansonsten leeren REGIO geschossene Fußball. Hier hängt die Trefferwahrscheinlichkeit nur noch ab von der Kunst am Ball. Das geschlossene System REGIO bleibt also bei konstanter Geschwindigkeit inert (Ball) und verliert diese Eigenschaft in einem offenen Wechselwirkungsszenario mit einem Draußen (Pfeil).

[4] Attraktor (lat. ad trahere „zu sich hin ziehen") ist ein Begriff aus der Theorie dynamischer Systeme und beschreibt eine Untermenge eines Phasenraums, auf die sich ein dynamisches System im Laufe der Zeit zubewegt und die unter der Dynamik dieses Systems nicht mehr verlassen wird. Ein Attraktor erscheint als klar erkennbare Struktur. Umgangssprachlich könnte man von einer Art „stabilen Zustands" eines Systems sprechen also ein Zustand, auf den sich ein System hinbewegt. Nach: https://de.wikipedia.org/wiki/Attraktor

[5] Für die inzwischen geächteten Booomer:innen (ja, es gab auch Frauen unter den Bösen) ist es in gewisser Weise beunruhigend anzuerkennen, dass wir vierzig Jahre nach der so unglaublich sympathischen Chaostheorie, für das fluidisches Induktionsgeschehen und die Wirkmächtigkeit Lagrange Kohärenter Systeme und ihr inneres Milieu, noch immer keine geschlossene Theorie besitzen und stattdessen die geneigte Leserin, den Leser mit dem provokanten Begriff der Impulsforderung verärgern (müssen).

[6] Das MKS wurde seinerseits um die elektromagnetische Basiseinheit Ampere erweitert (dann häufig als MKSA-System bezeichnet) und ging schließlich 1960 im Système International d'Unités (SI) auf, welches heute zusätzlich die Basiseinheiten Kelvin, Mol und Candela umfasst.

[7]Der Satz von Kutta-Joukowski beschreibt in der Strömungslehre die Proportionalität zwischen dynamischen Auftriebs und Zirkulation. https://de.wikipedia.org/wiki/Satz_von_Kutta-Joukowski

[8] https://www.spiegel.de/wissenschaft/natur/albatrosse-fliegen-mit-windantrieb-ohne-energie-zu-verbrauchen-a-854030.html

[9] Zurück. Das fluidische Korridor-Modell ist in dieser Simulation dadurch gekennzeichnet, dass es anfangs nur unbewegtes Fluid enthält. Der Flügel, die Störkontur, durchfliegt den Korridor mit seiner „Systemgeschwindigkeit", der scheinbaren Geschwindigkeit Vs. Sie herrscht während des Fluges und entlang des Korridors. Diese Annahme ist aber lediglich „grundsätzlich" verbindlich; theoretisch sollte jede „scheinbare" Anströmung an der Störkontur möglich sein, egal ob sich das Objekt bewegt oder eine Strömung strömt. Das Modell gibt das her. Aber nicht heute!
So stellen wir fest: Das Flugsystem durchgleitet den Korridor. Und dieser Korridor enthält lediglich das ruhende Fluid. Es sind die theoretischen Annahmen der Simulation. Die Störkontur penetriert den Korridor, sie fliegt durch ihn hindurch. Es kommt zu einem Impulsaustausch. Wir sehen das resultierende Strömungsbild. Und die Bilanz.
Um die Bilanz anzusteuern bemühe ich das Modell der fluidischen Seele. Prinzipiell können wir bilanzieren im Feld und entlang eines (beliebigen) Pfades im Feld. Komfortabel ist natürlich das Modell einer Seele. Um die Seele herum entfalten sich die relevanten Parameter der Analyse und der Bilanz. Nicht immer aber trifft die Seele auch das Zentrum der relevanten Strömung, die sich aus dem Zusammenwirken der jeweiligen Elemente ergibt. Für diesen (erfolglosen Fall) bilanzieren wir das Feld als Ganzes.

[10] JavaFoil is a relatively simple program, which uses several traditional methods for airfoil analysis. The following two methods build the backbone of the program:
The potential flow analysis is done with a higher order panel method (linear varying vorticity distribution). Taking a set of airfoil coordinates, it calculates the local, inviscid flow velocity along the surface of the airfoil for any desired angle of attack. The boundary layer analysis module steps along the upper and the lower surfaces of the airfoil, starting at the stagnation point. It solves a set of differential equations to find the various boundary layer parameters. It is a so called integral method. The equations and criteria for transition and separation are based on the procedures described by Eppler.
https://www.mh-aerotools.de/airfoils/javafoil.htm

[11] Felgenhauer, Mi. (2023). The globalMode5 Vortex Coil. Fluid flow in Spiral Vortex structures. ISBN (Buch): 9783346874771; Katalognummer v1356563

[12] Dienst, Mi. (2023). DE 20 2023 000 112.9 Tragflügel-Randbogen, gestaltet um einen effizienten Wirbel zu generieren. (Wing tip, designed to make proper Vortex; GM1308). Deutsches Patent- und Markenamt, DPMA: (13.02.2023).

[13]Ergänzende Hinweise
a: Dienst, Mi. (2018) Surfboardfinne ausgeführt als vollparametrisierter Labortragflügel. Transactions in Suffering Innovations T24 SI797, GRIN-Verlag GmbH München, ISBN(e-Book): 9783668725232, ISBN(Buch) : 9783668725249
Dienst, Mi. (2017) Zur numerischen Analyse einer Laborfinne. Mittelschnittver-fahren und Manövrierleistung. GRIN-Verlag GmbH München, ISBN(e-Book): 9783668374188, ISBN(Buch): 9783668374195

b: Felgenhauer, Mi. (2022). Foils, Speed and Resistance. Gedanken zu den Hydrofoils des AC75. Some Thoughts about AC75 hydrofoils. GRIN-Verlag GmbH München, ISBN(e-Book): 9783346666024 ISBN (Buch): 9783346666031, VNR: v1237479
Dienst, Mi. (2016) HANDBUCH SURFBOARDFINNEN aus theoretischer Sicht. Teil I. Beitrag zur Phänomenologie rezenter Surfboard-Finnen. Die Strömungs-wirklichkeit der Leit- und Steuertragflächen kleiner Seefahrzeuge. GRIN-Verlag GmbH München,ISBN(e-Book):9783668247864, ISBN(Buch): 9783668247871
c: NACA-Profil mit Ruderklappe, in: Ira H. Abbott, Albert E. von Doenhoff: Theory of Wing Sections: Including a Summary of Airfoil Data. Dover Publications, New York 1959.
d: Profilkontur GRAUPNER, unbeschrieben; ähnlich NACA 2310.
e: nach Prandtl; Res: Re 10-6

Reibung	(glatt, laminar)	CR	$= 1.327 \, (Res) -1/2$
Reibung	(glatt, turbulent)	CR	$= 0.074 \, (Res)^{-1/5}$
Reibung	(rau, turbulent)	CR	$= 0.418 \, (2+lg(t/k)) -2.53$
Reibung	(glatt, laminar)	CR	$= 1.327 \, (Res) -1/2$
Induziert		Ci	$= CL^2 /\pi / \lambda$

f: vereinbarte Modellannahme $\omega : (\Gamma/t^2)$
https://www.tec-science.com/de/mechanik/gase-und-fluessigkeiten/widerstandsbeiwert-reibungsbeiwert-und-druckbeiwert/

[15] Der Buchausgabe dieses Aufsatzes ist im Anhang eine Art „Daumenkino" des simulierten Wirbelfaden-Bastards beigefügt.

[16] Bei einem Spargelessen in Kremmen, BRB (ich mag keinen Spargel) hatte ich beobachtet, wie eine „Schule von Weihen" mühelos in einer geringen Strömung verharren und quasi in der Luft stehen und lediglich - etwa alle 5 - 6 Sekunden - einen leichten Flügelschlag absetzen. Weihen sind wunderhübsche Tiere und ich hatte sie bislang nicht in einer Schar gesehen, also ungleich der Einzelkämpferin im ruhenden Fluid. Vielleicht ein altes Tier, das ihre Töchter anleitet und „übt"? Von Möwen weiß man, dass sie gelegentlich und scheinbar zum Spaß fliegen, trainieren! Das ortstreue Leben der Weihen und etwas seltsame Flugbild der Weihen unterscheidet sich von jenem anderer Landsegler dadurch, dass Weihen eigentlich „immer am ackern sind mit ihrem Heckgefieder", woran man Weihen, Brandenburgs Roten Milan, gut erkennen kann. Ist das ein Manöver, um eine Position zu halten? Oder ein fluidmechanischer Tick? Was ich auch nicht weiß ist, ob Weihen zu diesem Manöver ihre Daumenfittiche einsetzen oder eben nicht. Ja, gut, wir fliegen halt lieber zum Mond und forschen dort. Der Flug der Weihen ist markant und sicherlich auch interessant für wissenschaftliche Untersuchungen, denn das immer agile, bewegliche Heck der Weihe ist aus theoretischer Sicht ein potenzielle LCO-Generator. Hatte ich schon darüber berichtet, dass Weihen eine bedrohte Art sind: der Rote Milan?
Für unsere Untersuchungen im Korridor spielt das wahrscheinlich keine besondere Rolle.

[17] Felgenhauer, Mi. (2023). Fluidmechanische Wirbelspulen biologischer Flieger. A Cold Case: globalMode7 Vortex Coils. ISBN 9783346874757.

[18] The PA-25 Pawnee is an agricultural aircraft produced by Piper Aircraft between 1959 and 1981. It remains a widely used aircraft in agricultural spraying and is also used as a tow plane, or tug, for launching gliders or for towing banners. In 1988, the design rights and support responsibility were sold to Latino Americana de Aviación of Argentina.
https://en.wikipedia.org/wiki/Piper_PA-25_Pawnee

[19] NASA Langley Research Center (NASA-LaRC), Edited by Fir0002 - Diese Mediendatei wurde vom Langley Research Center der US-amerikanischen National Aeronautics and Space Administration (NASA) unter der Datei-ID EL-1996-00130 UND der Alternativen Datei-ID L90-5919 kategorisiert.
Wake Vortex Study at Wallops Island The air flow from the wing of this agricultural plane is made visible by a technique that uses colored smoke rising from the ground. The swirl at the wingtip traces the aircraft's wake vortex, which exerts a powerful influence on the flow field behind the plane. Because of wake vortex, the Federal Aviation Administration (FAA) requires aircraft to maintain set distances behind each other when they land. A joint NASA-FAA program aimed at boosting airport capacity, however, is aimed at determining conditions under which planes may fly closer together. NASA researchers are studying wake vortex with a variety of tools, from supercomputers, to wind tunnels, to actual flight tests in research aircraft. Their goal is to fully understand the phenomenon, then use that knowledge to create an automated system that could predict changing wake vortex conditions at airports. Pilots already know, for example, that they have to worry less about wake vortex in rough weather because windy conditions cause them to dissipate more rapidly.
https://de.wikipedia.org/wiki/Wirbelschleppe#Licensing_information

[20] Dienst, Mi. (2009): Physical Modelling driven Bionics. Grin Verlag, München. ISBN (Buch) 9783640451357